図解でスッキリ!

面白いほどわかる

算数と理科

大人の1週間レッスン!

田中幸一
[監修]

青春出版社

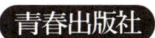

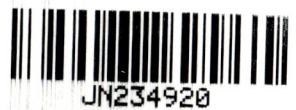

理系の話に縁がなくなってしまったあなたへ——はじめに

いくら勉強したところで、社会に出たら何の役にも立たない——。

学生のころに算数や数学が苦手だったという人は、みなさん口をそろえてこう言います。

たしかにそうかもしれません。専門的な職業にでも就かない限り、数学の複雑な概念は必要がないでしょう。ただし、それは高度なレベルの数学や科学の話であって、基礎的な算数や理科とはまた別です。算数や理科には実生活でも役立つものがたくさんあります。

しかも、たとえ初歩的なものであっても、算数や理科の問題を解こうとするとふだんあまり使っていない“理系脳”にスイッチが入ります。

すると、どうなるでしょうか。今までどうしても感情的に物事をとらえがちだった人が理路整然と考えをまとめられるようになったり、データに裏づけされた説得力のある話し方ができるようになるなど脳の回路に変化が起きるのです。

そうなると仕事にも大きく影響していきます。情報を分析することや理論を構築することなどがおもしろくなり、仕事に思わぬやりがいを見出すことができるでしょう。新聞やテレビの情報もより深いレベルで理解することができるようになるはずです。

大人がおさえておきたい算数と理科のポイントをまとめた本書が、あなたの新たな一面を引き出す気づきの一冊になれば幸いです。

2011年9月　　田中　幸一

図解でスッキリ！ 面白いほどわかる算数と理科　大人の１週間レッスン！◎目次

●カバー写真提供　アマナイメージズ（C）Ralf Hiemisch/f Stop/amanaimages
●本文写真提供　Photo12、ROGER-VIOLLET、PANA 通信社

※注　各項目のタイトルの上にある | 小3 | 小4 | 小5 | 小6 | 中1 | 中2 | の表記は、教科書の単元に該当する学年の目安です。

巻頭特集
理系脳の秘密

「理系の人」はこう考えている！

ゼロベースでものごとを考えたり、戦略を組み立てるのに欠かせないロジカルシンキング。それを当たり前のようにやってしまうのが理系脳だ。探究心旺盛な理系の人はどのように考えて行動しているのか、そのプロセスを見てみよう。

①理系の人は観察好き

探求のスタートは観察から始まる。といっても、日がな一日何かを見ているわけではない。たとえば、あるグループの行動パターンが自分のアンテナに引っかかったとしよう。すると、その様子を観察し、彼らの行動パターンが生まれる条件などを記録してデータを集めていくのだ。

気になることがそこにあれば、課題でもないのに研究に取り組む。この一見ムダに思える観察力こそが、理系人間の基本なのである。

②観察したら仮説を立てる

十分に観察してある程度のデータがまとまったら、次は「仮説」を立てることだ。そのためには、まず頭の中にある「引き出し」からさまざまな法則や定理を引っ張り出して、自分が集めたデータと突き合わせるという作業を始める。

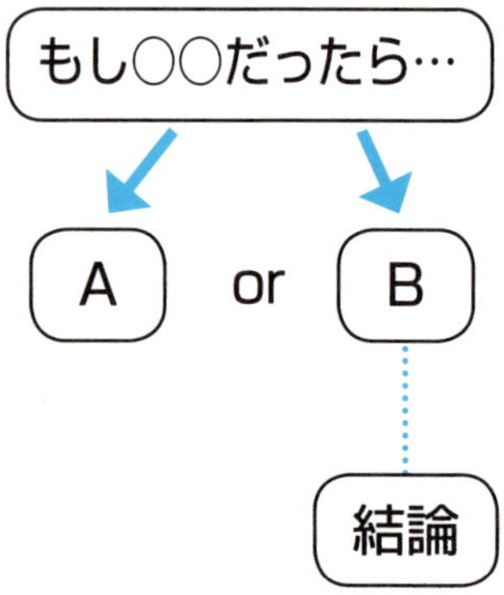

そして、一番当てはまりそうな法則や定理から「人があのような行動パターンをとるのは、Bという意識が働くからではないか」などと、自分なりの結論を導き出すのである。

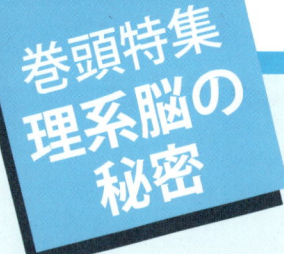

相関関係＝因果関係？

ニュースや雑誌で得た情報をそのまま受け入れてしまう人が陥りやすいのが、「相関関係＝因果関係」という思い込みである。たとえば、「野菜の消費量が多い県より、野菜の消費量が少ない県のほうが長寿だ」という調査結果を見て、「野菜をたくさん食べなくても長生きはできる」と結論づけてしまう。

だが、調査では明らかになっていない部分を見てみると、そうではないことがわかるはずだ。野菜の消費量が少ない県はもしかすると生活習慣病の高度医療が発達しているのかもしれないし、漁業が盛んで肉よりも魚が好まれているのかもしれない。

「野菜をあまり食べない＝長寿」という結論が正しいかどうかを知るためには、さまざまなデータを調べてきちんと検証しなくては正しい結論は導き出せないのだ。

検証して仮説どおりにいかなければ、もう一度仮説を立て直すか、観察に戻る。この繰り返しが「理系脳」！

③仮説を検証する

仮説を立てて結論を導き出しても、そこで終わりにしないのが理系脳だ。その結論が本当に正しいのかどうかを検証しなくては納得できないのである。そして、その検証をしてみた結果、自分の仮説が正しかったことが証明されたらやっとそこでスッキリすることができるのだ。もし、仮説が間違っていたときには、もう一度仮説を立て直したり、そもそもデータに不備があるとわかったら観察することからまたやり直す。この納得するまであきらめない粘り強さが理系脳の特徴なのである。

理系の人の脳内習慣

「謎」をナゾのままにしない

知らない言葉や出来事、有名人の名前などを見つけたら、すぐに調べて解決する。そんな「謎」をナゾのまま、あいまいにしておかないのも理系の人の特徴だ。そのため、他人が思い出せないでいることもつい調べてあげたくなる傾向がある。

たとえば飲み会で、「この赤ワインおいしいね。このブドウの品種ってアレだよね」、「そうそうアレでしょ、カルベ…」、「それそれ、そういう感じの…」などというあいまいな会話が繰り広げられていると、その会話に加わるよりもスマートフォンを取り出してサッと検索する。「カベルネ・ソーヴィニヨン」と答えを出してあげられれば、会話で盛り上がらなくとも満足なのである。

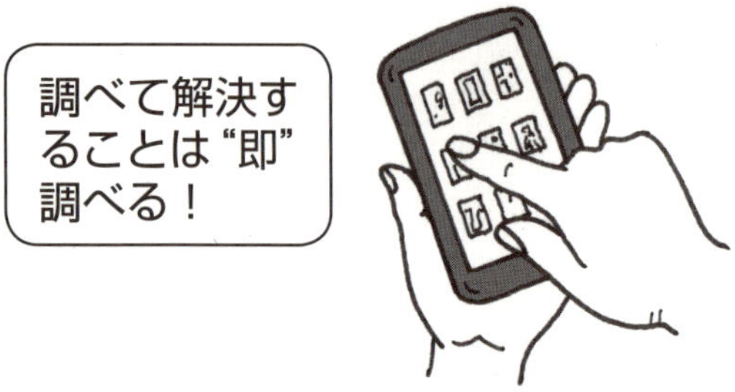
調べて解決することは“即”調べる！

数字の“ウラ”を探る

Ａ国とＢ国の香水の売れ行きを調査したところ、Ａ国は年間１２０万本、Ｂ国は 80 万本だった。また、あるデータではＡ国よりＢ国のほうが 20 代の婚姻率が高かったとしよう。

相関関係と因果関係が常にイコールではないことを意識している理系の人は、これらのデータを見てもけっして「香水をたくさん使うと結婚が遅くなる」という結論は導き出さない。それよりも、このふたつの調査結果のウラに隠されている情報を探ろうとするはずだ。

Ｂ国のほうが 20 代の人口が多いのか？　それともＡ国のほうが歴史的に香水の文化が発達しているか、はたまた単に女性が多いのでは？　などと考えればキリがない。

理系脳の探求は果てしなく広がるのである。

香水の売れゆき
A国 120万本
B国 80万本
A 国は女性が多い？

「概算力」ですばやくソロバンをはじく

ビジネスパーソンにとって「概算力」は大きな武器になる。たとえば、取引先に「単価 4250 円で 1900 個、用意できますか」とたずねられたとしよう。これを計算するためにわざわざ電卓を取り出してもかまわないが、かといってそこから仕入れ値を差し引いて利益を計算したりするのは担当者の手前やりにくい。

そんなとき、計算に強い理系の人は概算でざっとソロバンをはじいて、予算的にＯＫかどうかをはじき出す。どれだけ利益が出るか、どこまで値引きができるかといった計算も頭の中ですぐできるので、相手がほしがっている回答をすばやく出すことができるのだ。

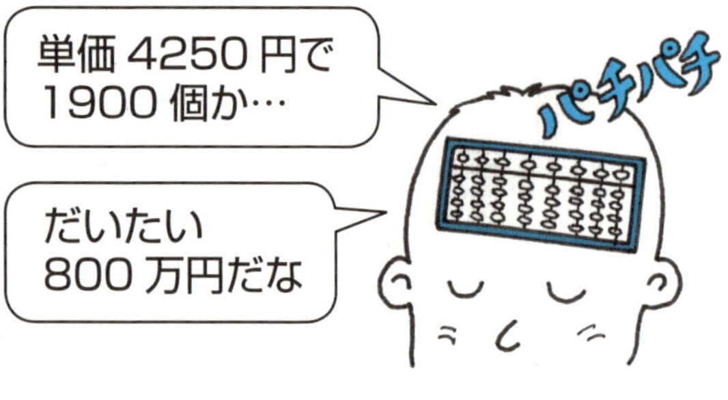
単価 4250 円で
1900 個か…
だいたい
800 万円だな
パチパチ

何でも理系発想でみる

毎年、夏になると涼しげな花を咲かせる朝顔。文系の人なら「また、今年も夏がやってきたな」くらいにしか感じないところだが、理系の人は珍しい品種が混じっていたりすると、朝顔の遺伝と「メンデルの法則」に思いをはせたりする。

また、グラスに入れた飲み物を飲んでいるときにも、水の表面の両端がグラスの底の上の方と飲み口のふちに接すると、「お、今ちょうど半分だ！」とちょっとうれしくなったりするのだ。

身近にあるものすべてを感覚ではなく、理系的な発想でみることで感動を覚える。そこが文系脳と理系脳の大きな違いなのである。

グラスの中身は
ちょうど半分か…
長方形が 2分
されている

1

計算

なるほど、そう考えれば
よかったのか！

忘れてはいけない「数字」のキホン

素数はいったいいくつあるのか。その謎の解明は2500年前のギリシャでピタゴラスが開いた学校ですでに始まっていました。

1

「整数」「自然数」とはどんな数でしょうか。

2

まず、「自然数」とは
0を含まない正（+）の整数

自然数

…−5 −4 −3 −2 −1 0 1 2 3 4 5…

整数

「整数」は、自然数と0、そして
負（−）の整数を合わせた数です。

3

では、「素数」とはいったいどんな数だったでしょうか？

4 「素数」とは、「1とそれ自身以外には約数を持たない数」のことを指します。

たとえば…

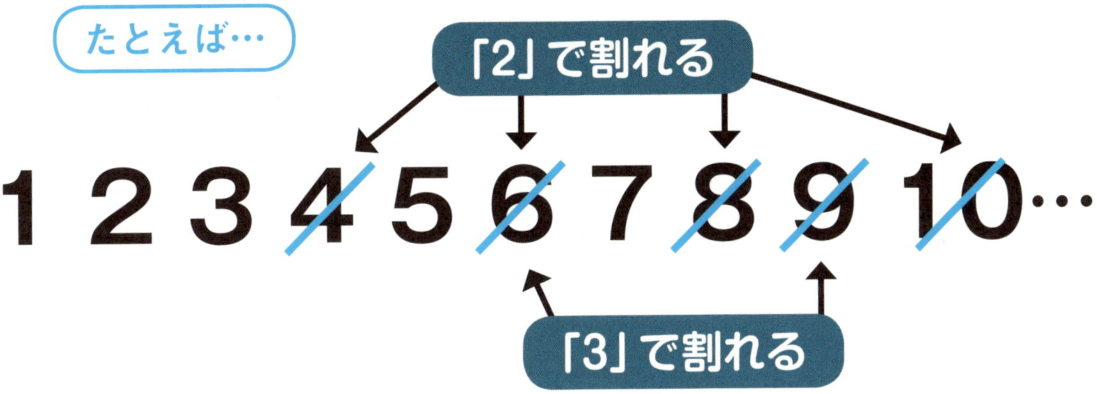

残った数字の約数は…

1	2	3	5	7
1	1と2	1と3	1と5	1と7

「1」以外に約数を持たないので素数ではない

「1」とそれ自身以外に約数がないから、これらは「素数」

簡単に素数が見つかる「エラトステネスのふるい」

素数を見つける方法としてよく知られているのが、古代ギリシャの数学者エラトステネスが発見した「エラトステネスのふるい」だ。

たとえば、1から50までの中から素数を見つけたい場合には、1から50の数字をすべて書き出して、そこから2以外の偶数、つまり2の倍数をすべて消す。次に3以外の3の倍数、5以外の5の倍数、7以外の7の倍数と同じように消していくと、最後に残った数が素数になる。この方法なら、どれだけ数字が増えても確実に素数を求めることができる。

「小数」のかけ算、わり算のフシギとは？

かけ算なのに答えがかけられた数より小さくなるもの、わり算なのに答えが割られた数より大きくなるのが小数の不思議なところです。

1 $0.3 \times 0.5 = \square$　さて答えはいくつ？

2 1.5 ？

ちがいます、答えは 0.15 です。

3 図にするとこうなります。

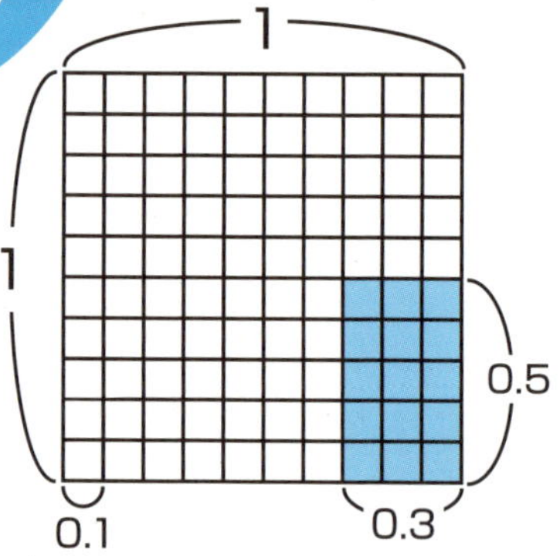

小数同士をかけても「1」以上の数にはならないのです。

4 では、$9 \div 0.3 = \square$　答えはいくつ？

5 これは「9 の中に 0.3 はいくつあるか？」という問いです。ですから、

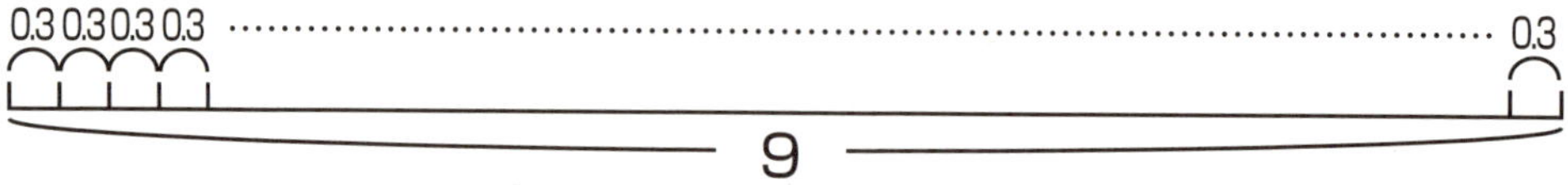

$9 \div 0.3 = 90 \div 3 = 30$　答えは **30** です。

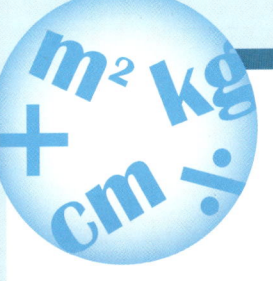

これならわかる！「分数」の計算のコツ①

「通分」とは、ひとつのかたまりを同じ数に分けてから足したり引いたりすることです。こうすれば分けるときも不公平になりません。

1

次の計算をしてください。

$$\frac{1}{2}+\frac{1}{3}=\square$$

これは $\frac{1}{2}$ 個のケーキと $\frac{1}{3}$ 個のケーキを足すようなものです。

2

$\frac{1}{2}$ 個のケーキ　　$\frac{1}{3}$ 個のケーキ

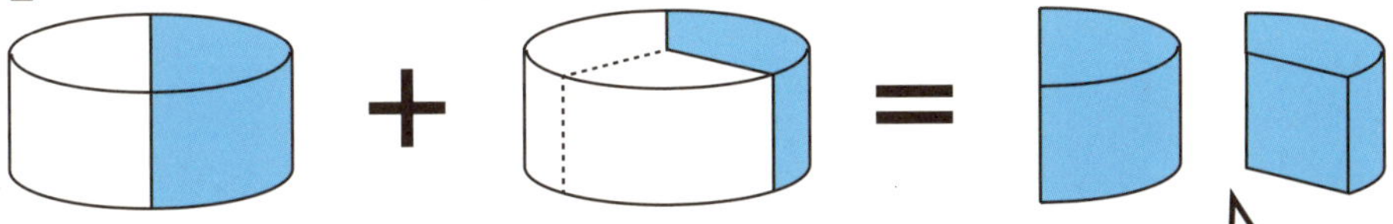

それぞれの大きさが違うので、わかりづらいです。

3

分母の違う分数のたし算には「通分」が必要です。

4

通分でケーキの大きさをそろえると…

$$\frac{1}{2}+\frac{1}{3}=\frac{3}{6}+\frac{2}{6}=\frac{5}{6}$$

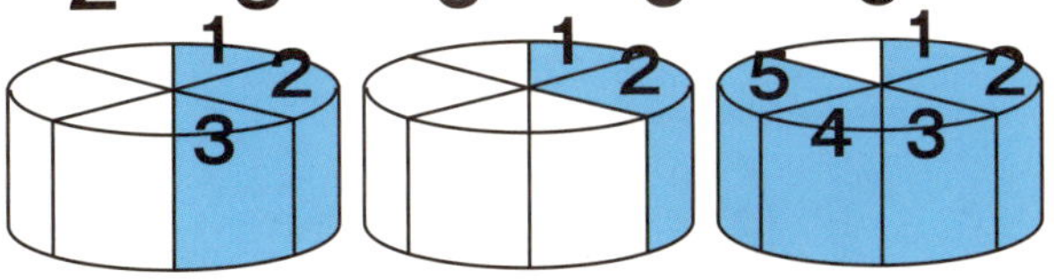

$\frac{1}{6}$ 個分のケーキが５個分であることがわかります。
よって答えは $\frac{5}{6}$ です。

これならわかる！「分数」の計算のコツ②

分数のわり算は頭の中ではイメージしにくいものですが、図で考えてみると一目瞭然。なぜ、その答えになるのかがすぐわかります。

1

$\frac{3}{4}$ を４で割るといくつでしょう。

$$\frac{3}{4} \div 4 = \square$$

2

答えは

$$\frac{3}{16}$$

です。

3

計算式はこうなります。

わり算のときは分母と分子を入れ替えて「かけ算」にする

$$\frac{3}{4} \div 4 = \frac{3}{4} \times \frac{1}{4}$$

$$= \frac{3 \times 1}{4 \times 4} = \frac{3}{16}$$

4

こう考えてみましょう

土地を相続することになりました。あなたの相続分は土地全体の $\frac{3}{4}$ をさらに４等分したうちの１つです。

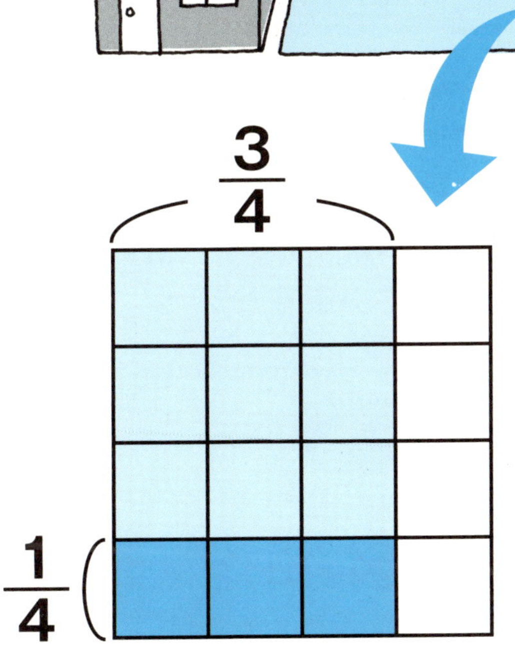

あなたの相続分は $\frac{3}{16}$ になります。

分数のかけ算のルール

分数同士のかけ算は、分母と分母、分子と分子をそれぞれかけ合わせればいい。

たとえば「$\frac{1}{2}\times\frac{1}{3}$」の答えは「$\frac{1}{6}$」になるというわけだ。

割り算のように分母と分子を入れ替える必要はなく、下の数字は下の数字同士で、上の数字は上の数字同士でそのまま計算すればいいので難しいことはない。

また、分数と整数をかけるときには整数を分子のほうにかけてやればいい。

この理由は、たとえば整数の２を分数で表わすと「$\frac{2}{1}$」になり、３ならば「$\frac{3}{1}$」になることを考えれば理解できるだろう。

もし式の中に「＋」と「×」が混じっていたら…

計算式は前から計算するのがルールですが、ひとつの式の中に「＋」や「－」、「×」や「÷」が混ざる四則混合計算では順番が変わります。

1 計算してみてください。

$$3\times(10-2)+(4+2\times 3)=\square$$

2 答えは **34** です。

3 このように、ひとつの式の中に＋や－、×、÷が混じっている式を「四則混合計算」といいますが、そのルールを覚えていますか？

4

四則混合計算のルール

- 前から計算する！
- （　）内は先に計算しておく！
- ＋と－より、×と÷を先に計算する！

つまり…

$3\times(10-2)+(4+2\times 3)$ は

②　①　⑤　④　③

① $10-2=8$

② $3\times 8=24$

③ $2\times 3=6$

④ $4+6=10$

⑤ $24+10=34$

の順に計算します。

「負の数」同士を足すときの考え方

正の数に負の数を足したり、負の数と負の数を足すとどうなるのか。
負の数の計算は、図や表にしたほうがよくわかります。

1

次の問題を解いてください。

① $(-3)+6=\square$

② $3+(-5)=\square$

③ $(-3)+(-4)=\square$

2

答えは
① 3
② −2
③ −7
です。

3

温度計で考えてみましょう

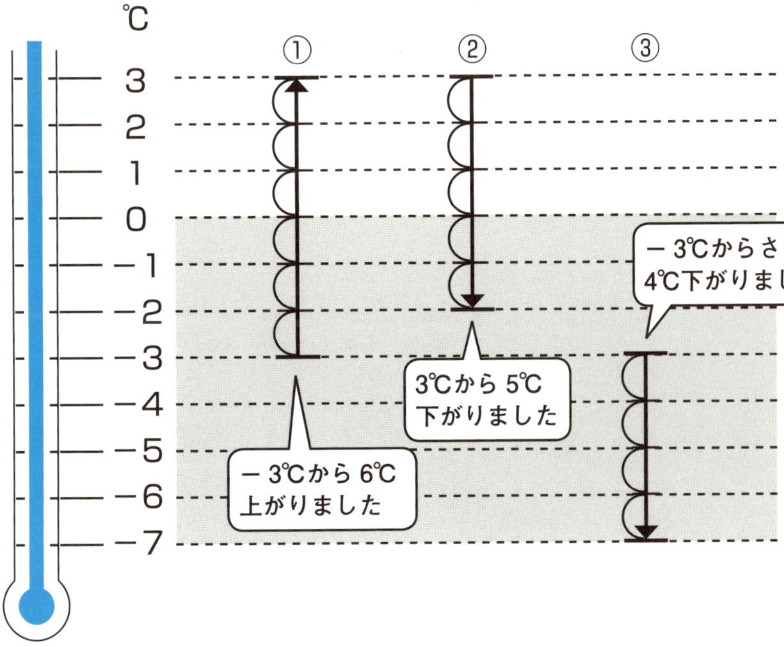

そもそも「公約数」「公倍数」は何に使う？

公倍数や公約数の求め方を知っていると、分数の計算や方程式などさまざまな計算で役立ちます。

1

これは何でしょう？

① 8、16、24、32、40、48、56、64、72…

② 12、24、36、48、60、72、84、96、108…

①＝８の倍数、②＝ 12 の倍数です。

2

では、これは？

① 1、2、4、8

② 1、2、3、4、6、12

①＝８の約数、②＝ 12 の約数です。

3 公倍数は時刻表にたとえるとわかりやすくなります。

8分おきに出発するバス

時	分
8	08 16 (24) 32 40 (48) 56
9	04…………… …………………

12分おきに出発するバス

時	分
8	12 (24) 36 (48)
9	00…………… …………………

「24」「48」のように同時に出発する時刻が 公倍数 、
一番小さな「24」が 最小公倍数 です。

4 公約数は長方形の紙から正方形の折り紙をつくるときなどに便利です。

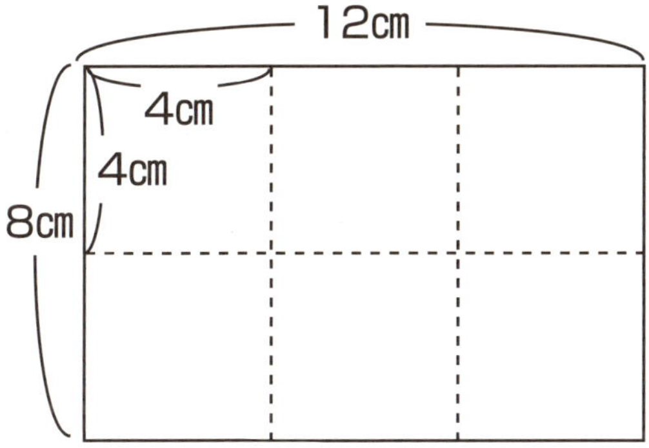

8と12の 最大公約数 である4㎝角で分けると、正方形の6枚の折り紙がつくれます。

一瞬で倍数を見つける裏ワザ

一瞬である数の倍数を判定するためには、いろいろな〝法則〟を覚えておくと便利だ。たとえば、一の位が0か偶数ならその数は「2の倍数」になるし、一の位が0か5なら「5の倍数」になる。

なかでもおもしろいのが「3の倍数」で、すべての位の数を足していき、その合計が3で割り切れるならその数は3の倍数になる。どんなに数字が大きくなっても使えるので試してみるといいだろう。

5 覚えていますか？ 最小公倍数と最大公約数の求め方

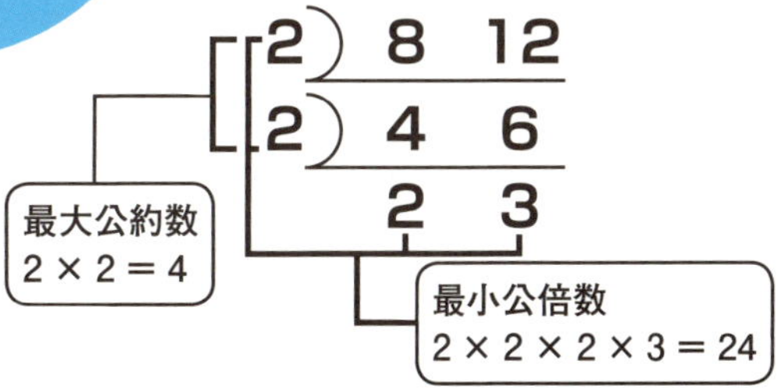

未知数「x」を求めるには、どうしたらいい？

わからないところに「x」を入れて計算するだけで、さまざまな数字が割り出せるのが 1 次方程式の便利なところです。

1 xを求めましょう。

$$7x = 5x + 10$$

2 答えは

$x = 5$ です。

3 計算式はこうなります。

$$7x = 5x + 10$$
$$7x - 5x = 10$$
$$2x = 10$$
$$x = 5$$

5x がイコール（＝）をまたいで左辺に移動するとマイナス（－）になるのがまちがえやすいところです。

4 なぜ、イコール（＝）をまたいで左辺に移動すると「5x」が「−5x」になるのでしょうか。

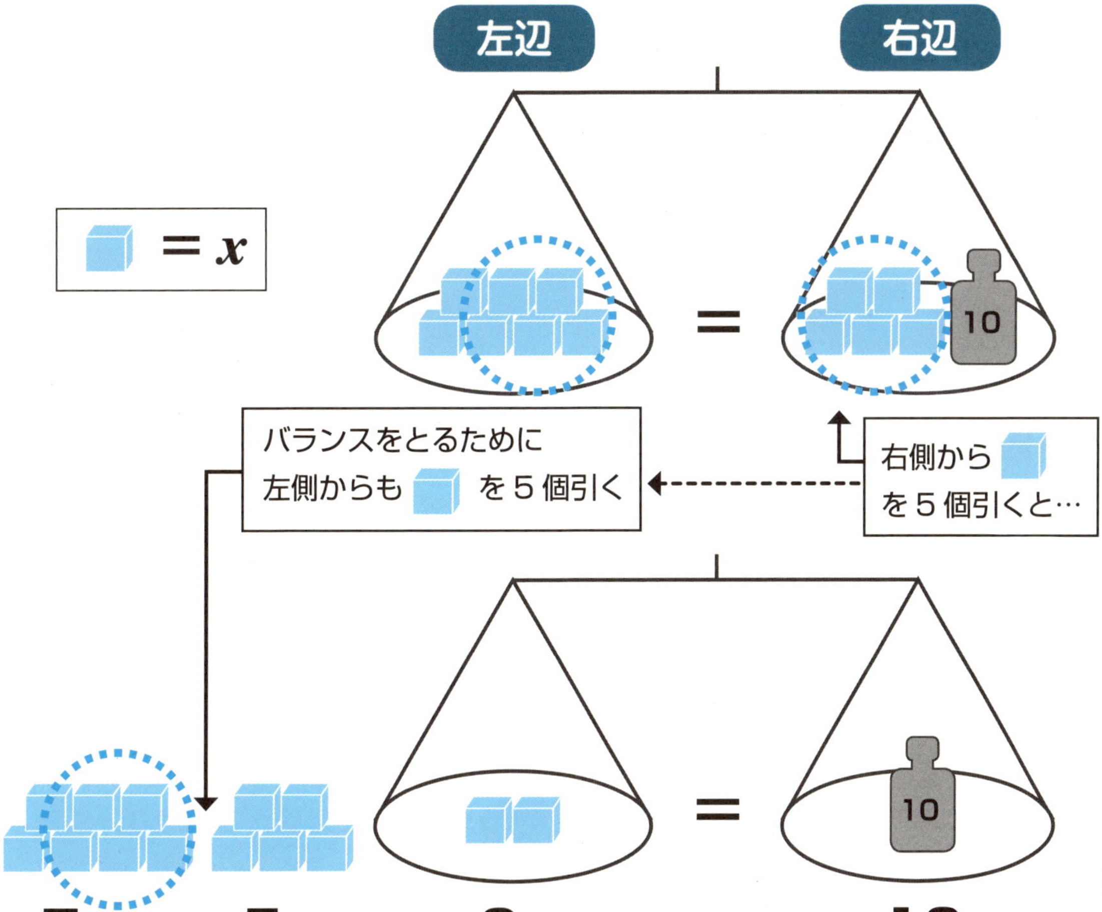
左辺
右辺
= x
10
バランスをとるために
左側からも を５個引く
右側から
を５個引くと…
10

$$7x - 5x = 2x = 10$$

つまり $x = 5$

だとわかります。

数式に「x」を最初に使ったのは誰？

17世紀のフランスの哲学者デカルトは、数学の分野でも多くの功績を残した。x 軸と y 軸で表わす座標は今でも「デカルト座標」と呼ばれているほどで、数式に使う未知数を「x」で表わすことを考えたのもこのデカルトだ。

彼は著書『幾何学』の中で、アルファベットの最後の３文字である x、y、zを未知数に用いたのである。このうち特に x が使われるようになったのは、当時は活字を組み合わせる活版印刷で本を刷っていて、印刷所に x の活字がたくさんあって印刷するときに便利だったためだといわれている。

フランス
生まれ

コラム

「1メートル」が世界の基準になったワケ

いつも何気なく使っている長さの単位「メートル」だが、もし世界共通のこの単位がなかったら、たとえば、外国の家具店が日本に進出するのは大変だったにちがいない。なにしろ、自国で使っている長さの単位を、日本の単位である「尺」に変換しなければならないことがあるからだ。

メートル法が施行されたのは18世紀末のことだ。それまで世界の各地では独自の単位を使っていて、商取引などでは自国の単位に換算する必要があった。そこで、世界共通の長さの単位を定めようとフランスの国会に提案されたのがメートル法だったのだ。

世界共通の長さの単位ということで、その基準単位になる1メートルの定義は「北極から赤道までの子午線の長さの1000万分の1」と定められた。

だが、実際にその長さを測るのは難しいので、パリを通っている子午線の10分の1に相当する長さを図り、それをもとに1メートルの長さを示す「メートル原器」が作られた。これがすべてのものさしのモトとなったのである。

しかし、時代とともにさらに正確な基準が求められるようになり、現在では「光が真空中を1秒間に進む距離の $\frac{1}{\text{2億9979万2458}}$ 秒が1メートルと定められている。

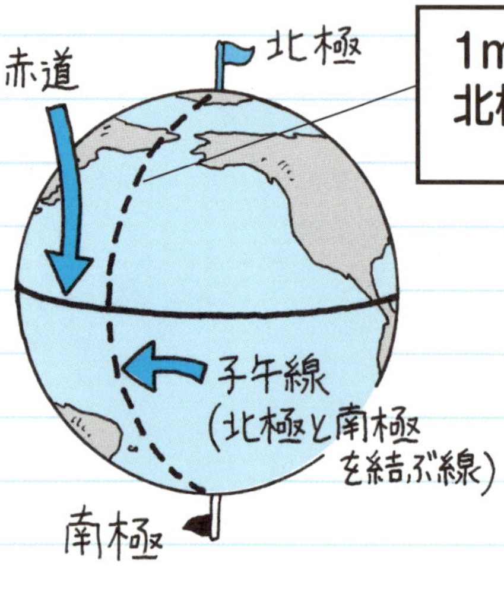

1m は、
北極地点から赤道までの距離 × $\frac{1}{\text{1000万}}$

1m を表す「メートル原器」

2

図形

モノの形をめぐる気になる大疑問

小3　小4　小5　小6　中1　中2

そもそも「三角形」って何だ？

「三角形」とは３本の線でつくられる図形のことですが、辺の長さや角度によって呼び方や定義が異なります。

1

次の２つは何という三角形でしょうか？

①

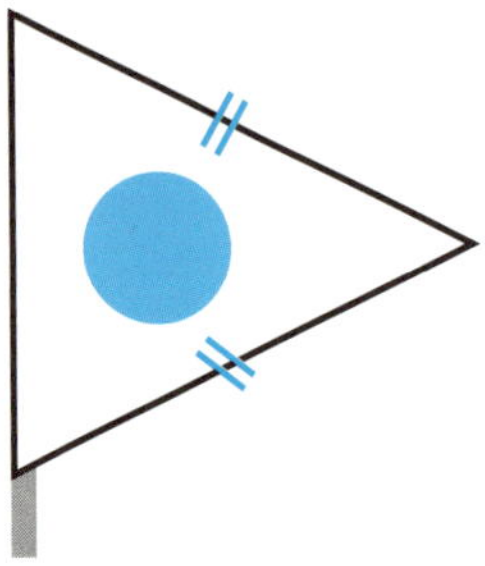

②

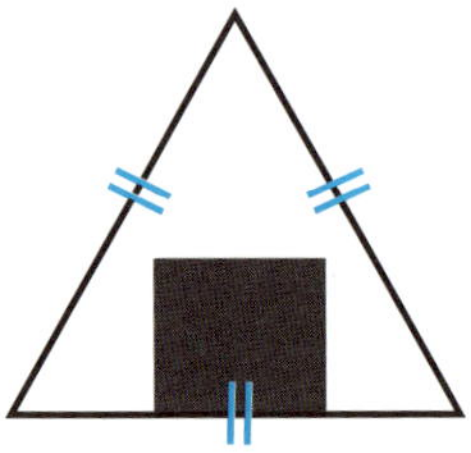

2

① は

二等辺三角形

② は

正三角形

です。

3

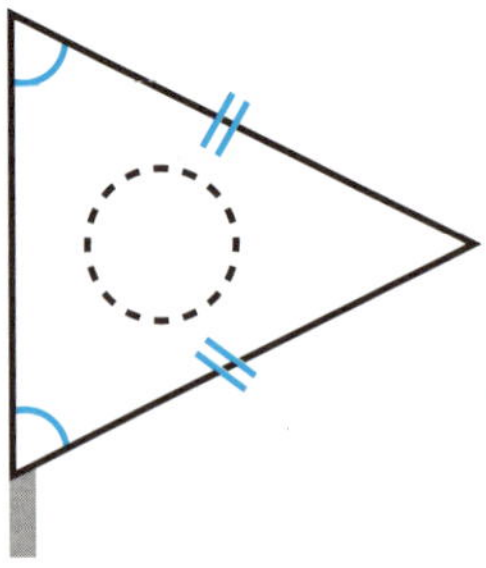

２つの辺の長さが等しく、等しい辺の対角同士も等しいのが二等辺三角形。

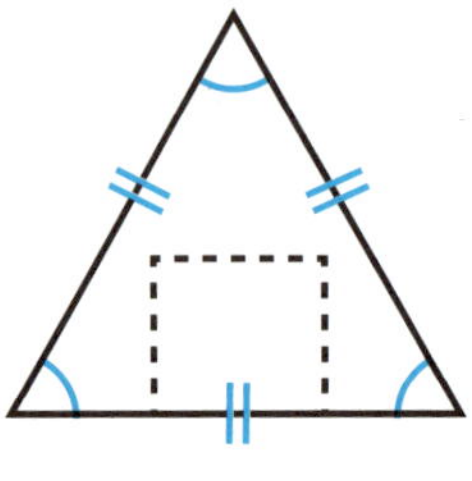

３つの辺の長さがすべて等しく、３つの角度もすべて等しいのが正三角形です。

「ひし型」と「平方四辺形」はどこがどう違う？

ひし形と平行四辺形は似て非なるもの。どちらも４本の線でつくられる図形ですが、その違いは辺の長さです。

1 これは平行四辺形です。

ひし形のようにも見えますが、これはひし形ではありません。

2 ひし形は４つの辺の長さがすべて等しい四角形です。

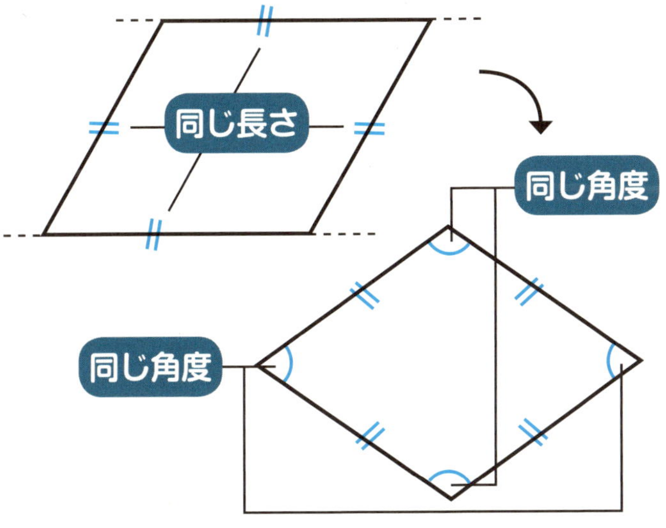

サッカーボールで考える「内角の和」のルール

四角形の内角の合計は 360 度ですが、角の数が増えると内角の和は大きくなります。角の和を求めるときのポイントは三角形です。

1

サッカーボールには六角形と五角形の模様があります。それぞれの内角の和は何度になるでしょう。

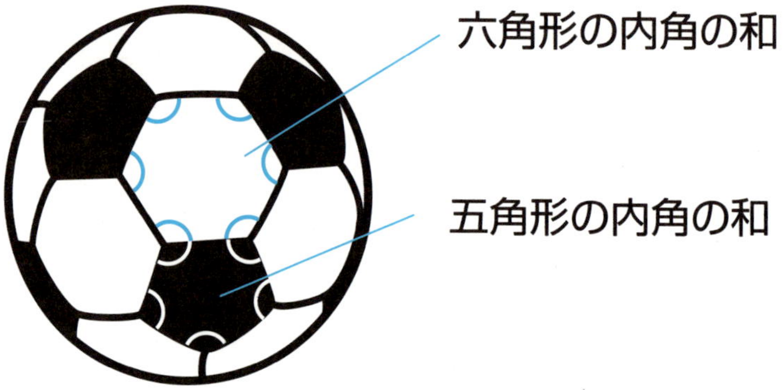

2

多角形の内角の和は、

$180^\circ \times (n - 2)$

で求めることができます。

3

答えは

五角形は 540 度
六角形は 720 度

です。

4 多角形の内角の和は、三角形がいくつできるかを考えるともっと簡単に計算できます。

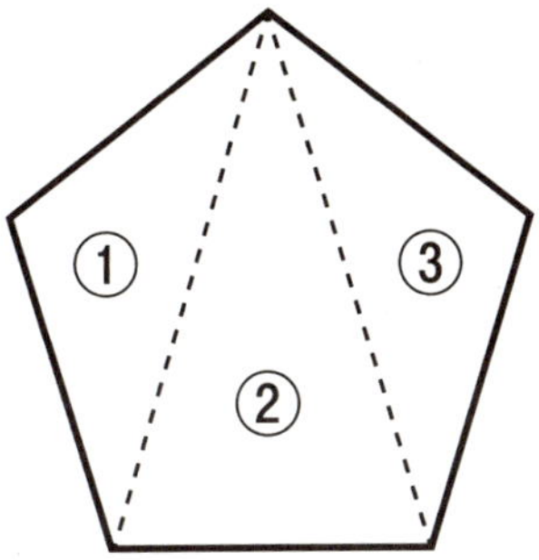

五角形は３つ

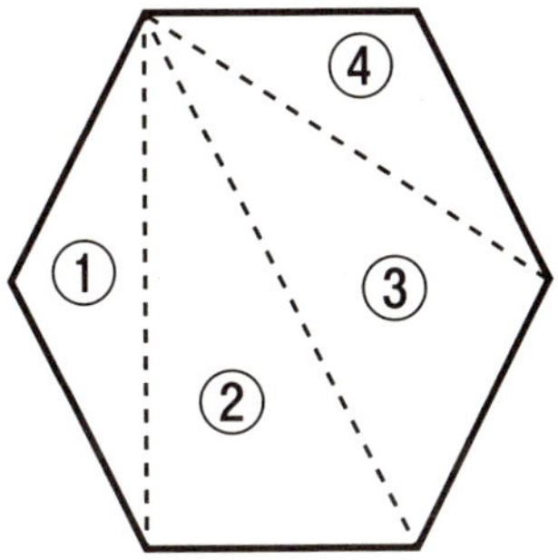

六角形は４つ

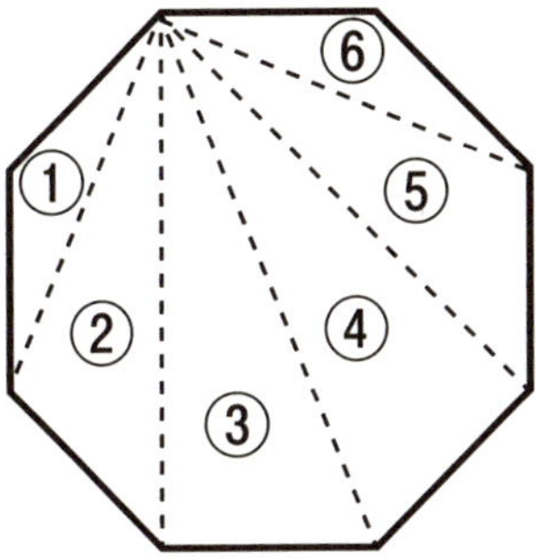

八角形は６つ

三角形の３つの角の和は

180 度なので、

五角形 $180^\circ \times 3 = 540$ 度

六角形 $180^\circ \times 4 = 720$ 度

八角形 $180^\circ \times 6 = 1080$ 度

になります。

多角形の外角の和は 360 度

どんな多角形でも外角の和の合計は必ず 360 度になるが、これは多角形の内角の和を求める公式で証明することができる。

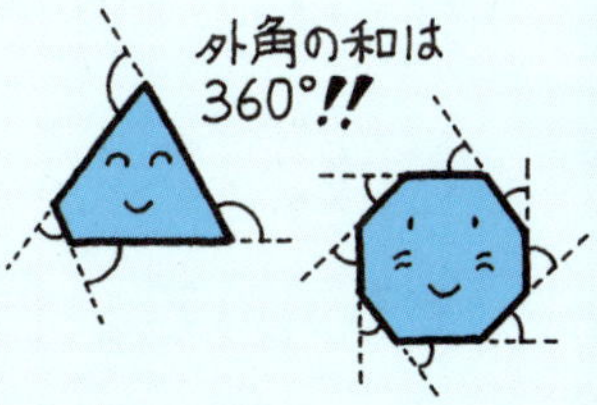

１つの角における内角と外角の合計は 180 度になるので、n 角形のすべての内角と外角の合計は「180° × n」になる。この計算から内角の和「180° ×（n − 2）」を引いた「180° × n − 180° ×（n − 2）」という式の答えが外角の和になる。

実際に数字を当てはめてみると、たとえば三角形ならば「540° − 180°」、七角形なら「1260° − 900°」になって、いずれも答えは 360 度になるというわけだ。

おさえておきたい「同位角」と「さっ角」の話

子供のころは混同しがちだった「同位角」や「さっ角」も、簡単な図形で見てみると位置関係がすぐわかります。

1

平行に走るa通りとb通りにc通りが交わっています。

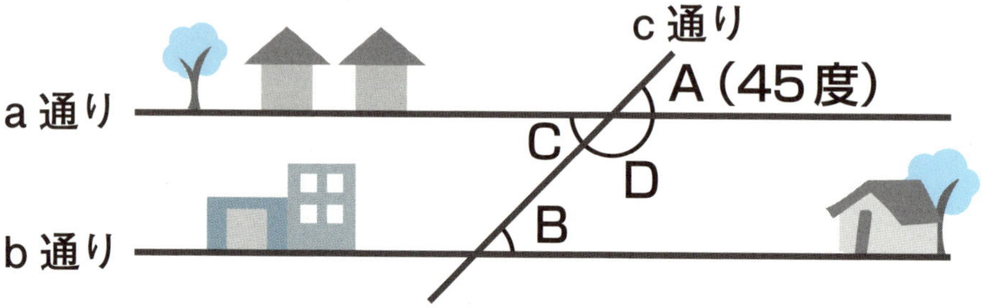

Aの角の角度は45度です。では、B、C、Dは何度でしょう。

2

答えは
B=45度、C=45度、D=135度です。

3

では、
1の図で、同位角とさっ角はどの角とどの角でしょうか。

4

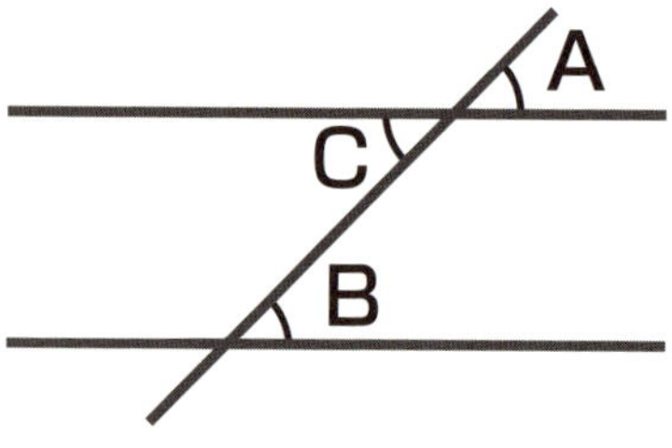

同位角はAとB、
さっ角はBとCです。

「合同」とは何か ひと言でいえますか？

図の形が同じであることはもちろん、辺の長さや角度など形あるもののすべてがまったく同じものが合同です。

1

次にうち「合同」なのはどれでしょう。

①パズルのピース

②スタンプ

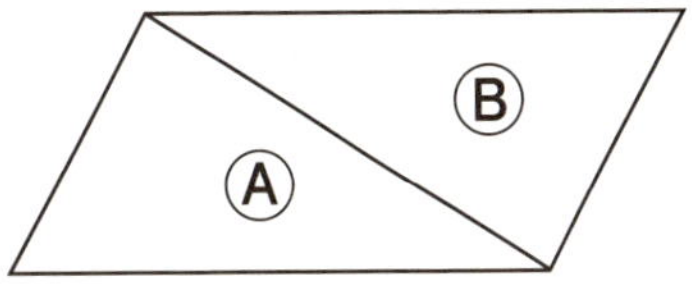

③平行四辺形を
対角線で切った形

2

答えは
全部
です。

3

合同とは、重なる辺の長さや角度が等しいこと。2つの図形と面積が完全に同じであれば合同です。

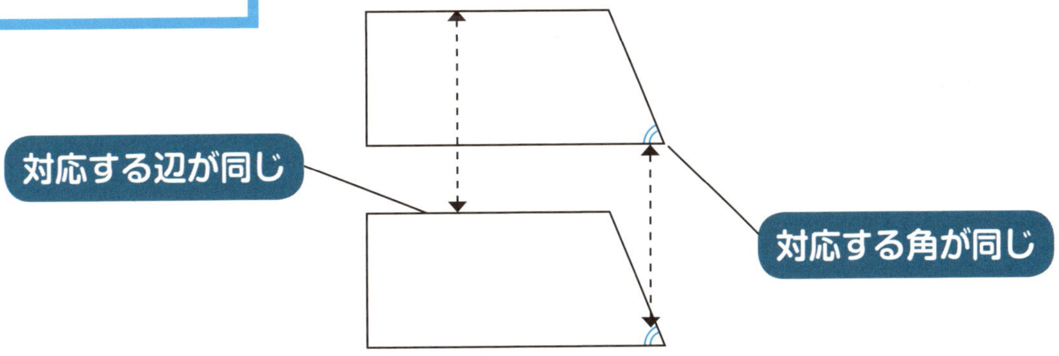

計算で「建物の高さ」をはかる方法

どんなに高い塔やビルでも、「図形の拡大と縮小」を理解していれば分度器でその高さを割り出すことができます。

1

次のようなおもり付きの分度器を使って、ビルの高さを測ってみましょう。

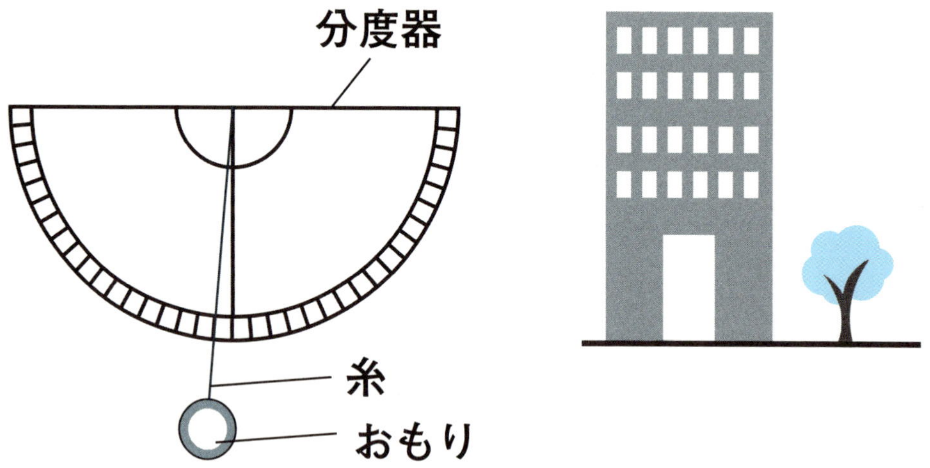

2

これは「図形の拡大と縮小」の応用です。

3

まず、ビルから人が立っている位置までの距離を測ります。次にビルの一番高いところを見上げたときの角度を測ります。

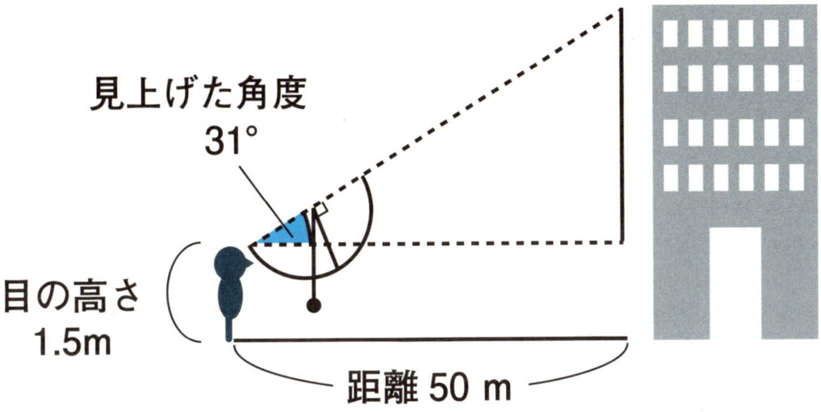

4

距離を $\frac{1}{1000}$ に縮小して、底辺が 5㎝、両はしの角度が 31 度と 90 度の三角形を描いて高さを測ると 3㎝になりました。

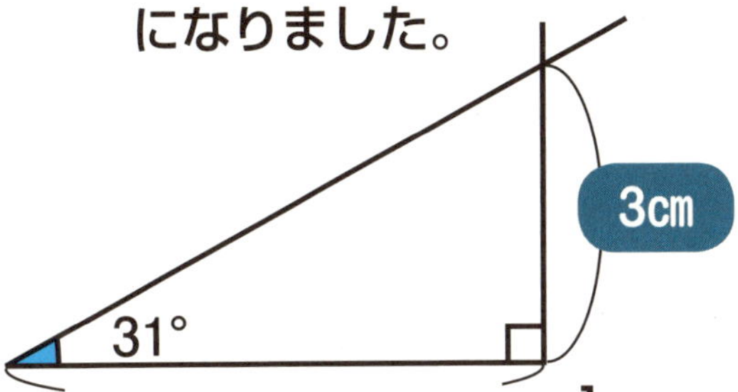

50 m＝5000㎝× $\frac{1}{1000}$

＝ 5㎝

5

3㎝の高さをもとの1000 倍に戻すと30m、そこに目の高さ 1.5 mを足すと、30 ＋ 1.5 ＝ 31.5 となり、ビルの高さは 31.5 mになります。

地図の縮尺にも使われている「相似」

実際には大きなサイズのものを一定の規則に従って縮小して扱いやすくするというのは、「相似」の考え方を応用している。この相似を利用している身近な例といえば地図の縮尺だ。

たとえば、縮尺が 10 万分の 1 に定められている地図なら実寸の 10 万分の 1 で描かれている。2 km の道なら地図上では「2 km ÷ 10 万」となり、それを cm に換算すると「2 cm」となる。

また、20 万分の 1 の縮尺の地図上で 3.3cm なら、実際の距離は「3.3cm × 20 万」で 6.6km になる。

ちなみに、江戸時代に日本で初めて実測によって描かれた伊能忠敬の日本地図には「小図」「中図」「大図」という 3 種類があり、そのうち 214 枚の地図からなる大図は、およそ 3 万 6000 分の 1 の縮尺で日本の国土が細かく描かれている。

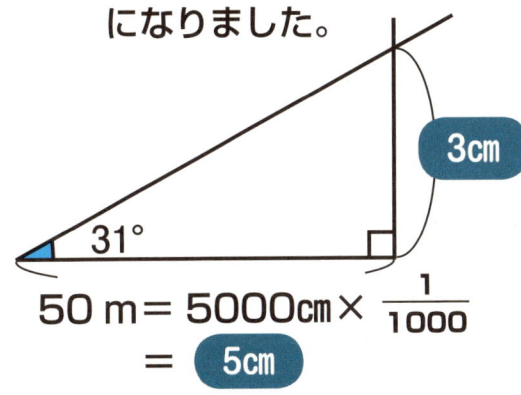

小3 小4 小5 小6 中1 中2

「対角線」の数がズバリわかる公式とは？

「n×（n－3）÷2」という記号を用いた公式を見るだけで苦手意識が生まれるという人でも、理屈さえわかれば難しくありません。

1

正五角形の対角線の数は全部で何本でしょうか？

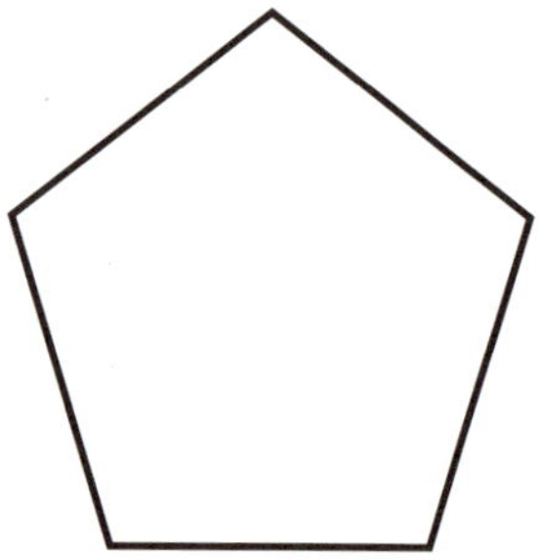

2

答えは５本です。

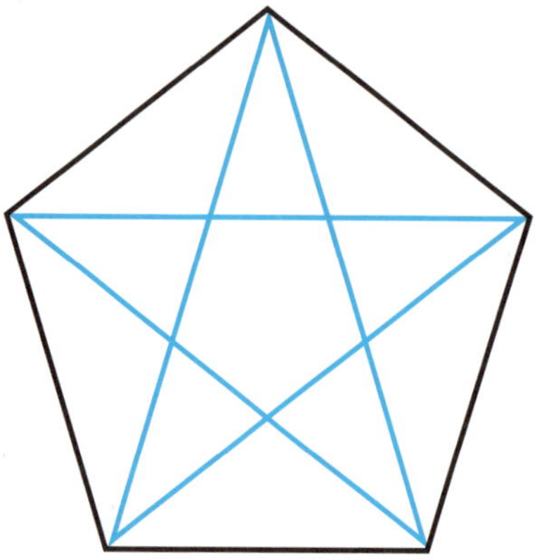

星を描く要領で考えると簡単です。

3　この対角線の数を求める公式はこうなります。

$n \times (n - 3) \div 2$ ＝対角線の数

多角形の角の数

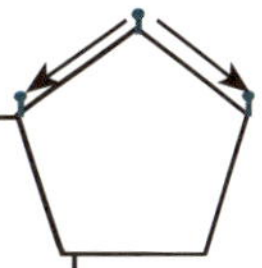

1つの頂点から対角線を引くとき、それ自身と両隣の点の3つには対角線が引けないので角の数から3を引く

では、「2」で割るのはなぜでしょう？
少し線を立体的にしてみるとわかります。

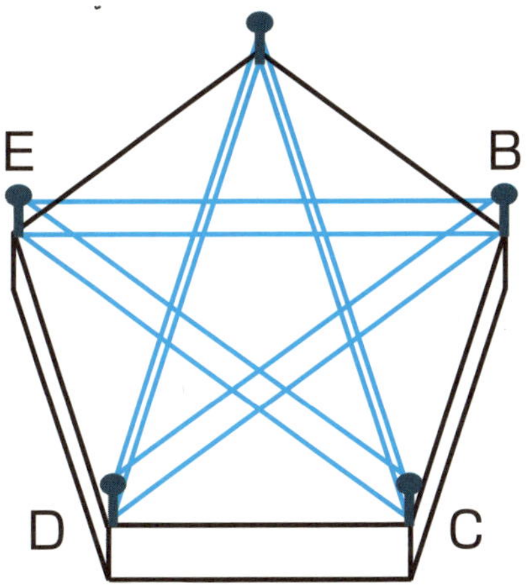

たとえば、AからCに引いた線とCからAに引いた線は、ダブって2倍になってしまいます。だから「2」で割るのです。

1万角形の対角線は何本？

公式とは便利なもので、たとえば100角形や1万角形といった現実には書き表すことが難しい図形の対角線の数でさえも求めることができる。

実際に公式を使って1万角形の対角線を計算してみると、「10000 ×（9997）÷2」となり、対角線の数は「4998万5000本」とはじき出せる。

ちなみに、英語では多角形のことを「ＰＯＬＹＧＯＮ（ポリゴン）」というが、これはコンピューターグラフィックスの世界では、立体を描くときに用いる多角形を意味する専門用語になっている。

コラム

世界を変えた「理系」の人々

私たちが教科書で学んできた原理・法則の発見や、世界中の暮らしを変えた発明は、偉大なる理系の人たちが偶然に見つけた「なぜ？」を追求し続けた賜物でもある。歴史的な研究者や発明家の功績を今一度振り返ってみよう。

アイザック・ニュートン (1642-1727)

ニュートンが地上の物質も天体も同じ引力と落下の法則にしたがっているのではないかとの仮説を導き出したのは、ケンブリッジ大学を卒業する間近の頃だった。このとき、ヒントを得たのが木から落ちるリンゴだったのかどうか真偽のほどは定かではないが、その数年後にはあの「万有引力」の法則が発見された。この法則はその後、工学の基礎となり、ＮＡＳＡによる宇宙開発にも大いに役立てられている。

ジェームズ・ワット (1736-1819)

18 世紀にイギリスで起こった「産業革命」の大きな原動力となったのが、ワットの改良した蒸気機関だ。ワットが蒸気に興味を持ったきっかけは、水が沸騰したときにヤカンのふたがカタカタと動いたことだったといわれている。この蒸気の圧力エネルギーを使った原動機は、船や機関車などあらゆる機械の動力として取り入れられ、その功績は現在でも認められている。

ブレーズ・パスカル (1623-1662)

16 歳で「パスカルの原理」を発表したパスカルは、“早熟の天才”といわれた物理学者である。密閉された液体におもりで圧力をかけると、容器の底や側面、液体と接触しているおもりの底にも等しく圧力がかかるというパスカルの原理は、自動車の油圧ブレーキなどに幅広く応用されている。また、「人間は考える葦である」などの箴言《しんげん》が記された『パンセ』は現在でも名著として読み継がれている。

ジャン・アンリ・ファーブル (1823-1915)

1ヘクタールもある自宅の裏庭で虫の行動をつぶさに観察し、その行動の意味について仮説を立て、あらゆる工夫をして実験を行ってきたファーブルはまさに理系脳といってもいいだろう。残念ながら 91 歳で亡くなるまで祖国フランスでその業績は高く評価されることはなかったが、その後、ファーブルの『昆虫記』は世界中で翻訳され、子供から大人まで多くの昆虫愛好家の愛読書となっている。

特集②
理系脳の
秘密

そんな「思考法」があったのか！

理系脳の基本的な思考プロセスである「観察→仮説→検証」や概算力を身につけておくと、実現性の高い企画が提案できたり、すばやく利益がはじき出せるなどビジネスで役立つことは多い。理系的脳トレで一歩先を行くビジネスパーソンをめざそう。

理系的脳トレのヒント①

裏のウラまで情報を追い求める

2008年、ガソリンや灯油などの石油製品の価格が高騰して家計を直撃したことは記憶に新しい。だが、その原因が原油価格の高騰であることは知っていても、なぜそこまで原油が高騰したのかまで調べた人はそう多くはなかったはずだ。

じつは、その背景にはアメリカの「サブプライムローン問題」があった。アメリカの銀行が信用格付けの低い層に住宅ローンを貸し付け、その債権を小口化して投資商品として販売した。だが、不動産バブルがはじけ、ローンの支払いが滞り出すと投資家が証券を売って現金化したのである。

その余った現金が今度は原油の先物市場に流れて原油価格が上昇しはじめ、「原油は儲かる」として世界中のお金が原油に集まり〝マネーゲーム〟が始まってしまったのだ。

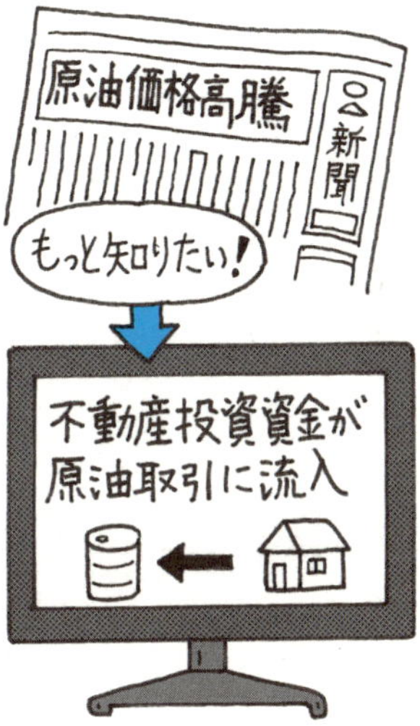

情報は裏のウラまで調べてみよう！

原油が高騰した直接の原因は？

↓

なぜ、その原因となった現象が起きたのか？

↓

その現象を起こすきっかけとなったものは何だったのか？

理系的脳トレのヒント②

数値のモトになる「基準」をチェックする

日経平均株価と聞いて、日本中のすべての株式会社の株価の平均だと思っている人はいないだろうか。

じつは、これは東京証券取引所の一部上場企業1600社あまりの中から、日本経済新聞社が選び出した225銘柄の平均株価なのである。日本を代表する企業の株価を平均した数値といってもいいだろう。

このように物事を正しく判断するためには、その数値が何を基準にはじき出されたものなのかを押さえておかなければ意味がない。そこがブレていたら、どんなに仮説を立てたところで納得できる検証結果は得られないのだ。

日経平均株価とは？

たぶん、上場企業すべての平均株価なんじゃない
ちがいます！ じつは…日本を代表する企業225社の平均株価です

理系的脳トレのヒント③

単位や数字にアンテナを張る

「空前の大ヒット！」――こんな言葉が冠についている商品を紹介されたら、誰もが流行っている商品なんだと感覚では理解できる。だが、感覚的にわかって納得しているだけでは理系脳的には物足りない。それを裏づける数字までしっかりとチェックしたいものだ。

たとえば、売れ行きが好調なものには、それを裏づける数字が必ずある。市場規模や関連企業の利益、過去の大ヒット商品との比較などである。

キャッチコピーは人目を引くためにちょっと大げさに表現されることもある。だからこそ、このような数字や指数、単位などをきちんとチェックして冷静に判断することを習慣づけたい。

★ニュースに出てくる単位や数字

・円、ドル、ユーロ相場
・消費者物価指数
・市場規模
・成長率
・ヘクトパスカル（台風）
・マグニチュード（地震）
・シーベルト（放射線量）
など

3

はかる

時間、距離、面積…を
正確に知る方法

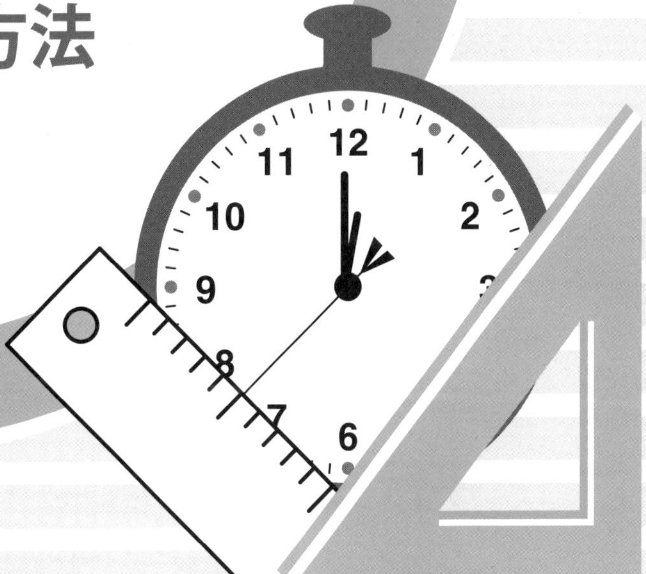

小3 小4 小5 小6 中1 中2

1つの公式で3つの図形の「面積」がわかる

図形の面積を求めるときは、形ごとにそれぞれ違った公式を覚えなくてはならないと思いがちですが、じつはそうではないのです。

1

次の図形の面積を求める公式は何でしょう。

〈三角形〉　〈平行四辺形〉　〈台形〉

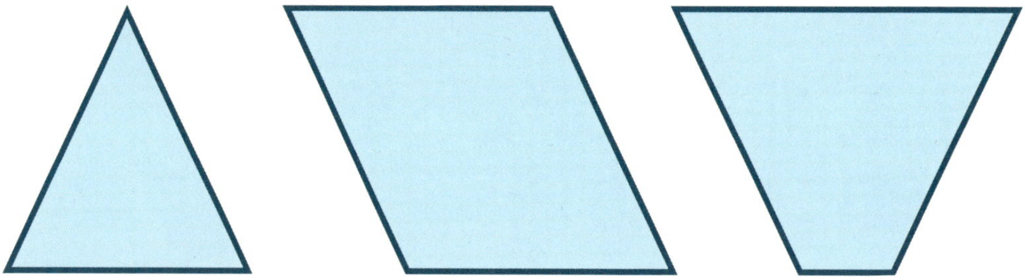

2

答え

三角形＝底辺×高さ÷２

平行四辺形＝底辺×高さ

台形＝（上底＋下底）×高さ÷２

です。

3

じつは、全部の公式を覚えておかなくても、1つだけ覚えておけば3つの図形の面積が求められるオールマイティな公式があります。

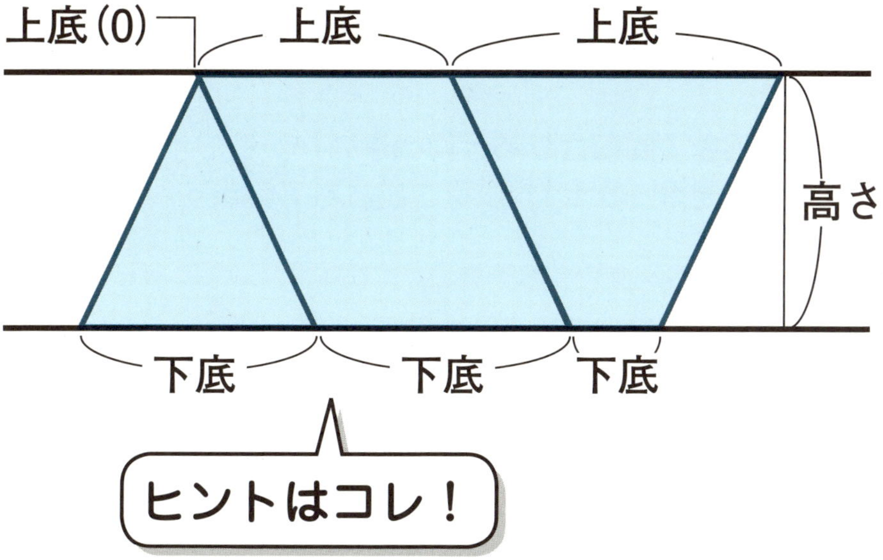

4

それは「台形」の公式です。

(上底＋下底)×高さ÷2

三角形の上底は「0」

これで、3つすべての面積を計算できます。

不思議な「センターラインの公式」

本文に登場する「(上底＋下底)×高さ÷2」の公式を少し並べ替えて「(上底＋下底)÷2×高さ」とする。この式で「(上底＋下底)÷2」が表わしているのがその図形のセンターライン、つまり図形をちょうど半分の高さで二分する線の長さだ。

そこで三角形や台形の面積は、センターラインの長ささえわかれば「センターライン×高さ」という式でも求めることができる。この公式は、さまざまな図形の面積を求めるときにも使えるので覚えておきたい。

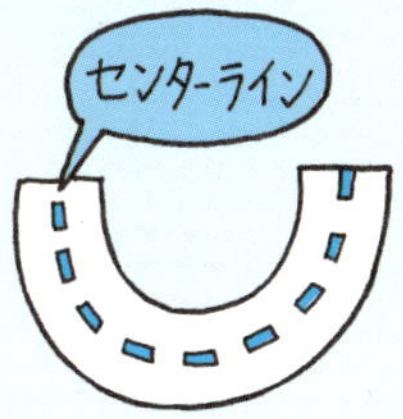

「円周率」の正しい使い方

半径○cmの円を１回転させると何cm進むか。この半径の長さと円が進む距離から円周率「3.14」が導き出されています。

1

ここに直径60cmのタイヤがあります。
このタイヤがちょうど１回転すると、
何cm進むでしょうか。

2

タイヤの円周を求めましょう。

直径 × 円周率

↓　　　　↓

60 × 3.14

= 188.4

3

答えは

188.4cm

です。

4

次は円の面積です。円の面積は、

半径×半径×円周率

で求めることができますが、なぜこうなるのでしょうか？

5

それは、円を切って開いてみるとわかります。

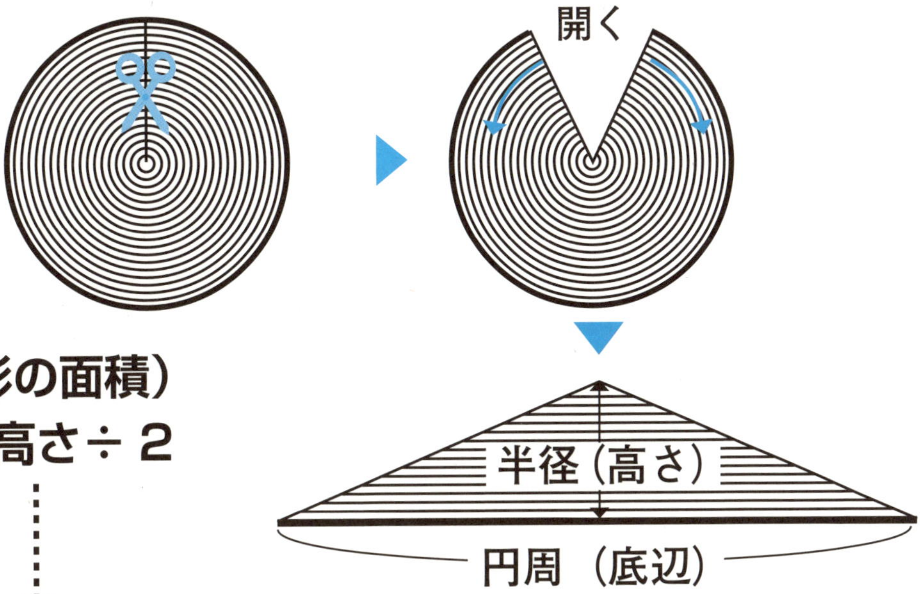

（三角形の面積）

底辺×高さ÷２

円周×半径÷２＝（半径×~~2~~×円周率）×半径÷~~2~~

＝半径×半径×円周率

となります。

最新の「円周率」は何桁？

円周や円の面積を求めるときに使う「円周率」には概数、つまり、およその数として「3.14」が用いられている。ところが、概数ではない円周率の値は今でも計算が続けられていて、2011年８月現在ではなんと５兆桁まで計算されている。この数字は、長野県に住む会社員の男性が自作のコンピューターによってはじき出したものだ。

最新の値はそれまでの２兆７億桁という記録を大幅に上回り、「最も正確な円周率の値」としてギネスブックにも認定されている。

3.1415926…

「球の大きさ」を出すコツ

球の大きさは公式を使えばすぐに出せます。地球の面積や体積を求めて大きさを実感したら、ニュースを見る目が変わるかもしれません。

1 直径 2㎝のボールの表面積は？

2 球の表面積の公式は

4×半径×半径×3.14

なので

3 答えは

12.56㎠

です。

4 これは、ボールに細いヒモを巻きつけて

巻き終えたヒモをほどいて平面の円にすると

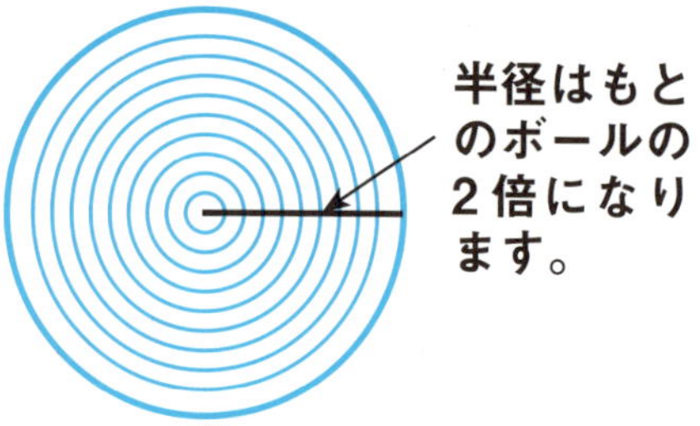
半径はもとのボールの2倍になります。

この円の面積は

(2 ×半径)^2×3.14

‖

4×半径×半径×3.14

となります。

5 ちなみに…

球の体積＝$\frac{4}{3}\pi r^3$

を覚えていますか？

「体積」を知るのに便利な方法とは？

目盛りのない四角い容器を使って液体の量を計りたいときなどに、これらの公式を覚えておくと便利です。

1

この水槽に水を満たすと何ℓ入るでしょうか？

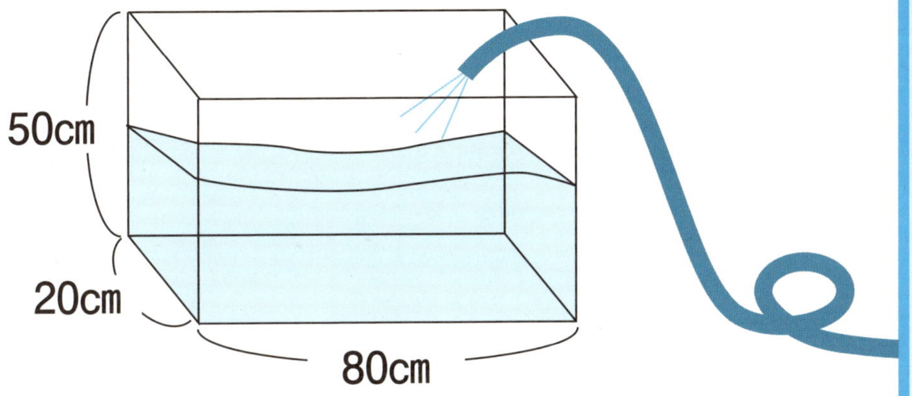

2

答えは

80ℓ

です。

3

（タテ）　（ヨコ）　（高さ）

$20\text{cm} \times 80\text{cm} \times 50\text{cm} = 80000\text{cm}^3$

$80000\text{cm}^3 = 80000\text{m}\ell = 80\ell$

となります。

ちなみに、サイコロのような立方体は

1辺×1辺×1辺＝立方体の体積

になります。

小3 | 小4 | 小5 | 小6 | 中1 | 中2

ピラミッドの「体積」をはかるには？

あの巨大なピラミッドも底辺の長さと高さがわかれば、単純な計算で体積を求めることができます。

1

底辺が 105 mの正方形で、高さ 62 mの巨大なピラミッドの体積は何m^3 になるでしょうか。

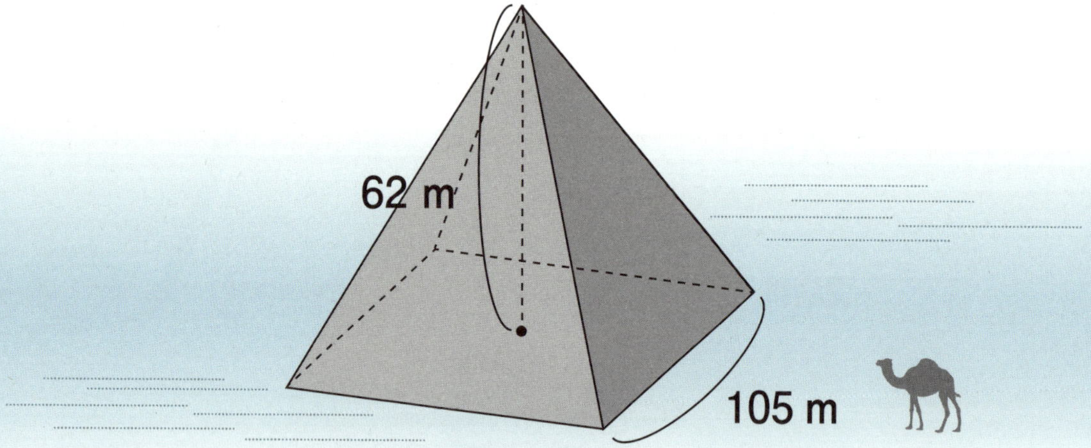

2

答えは

「227,850 m^3」

です。

3

四角すいの体積は

底面積×高さ÷ 3

ですが…

4 （底面積×高さ）で求めた直方体の体積を

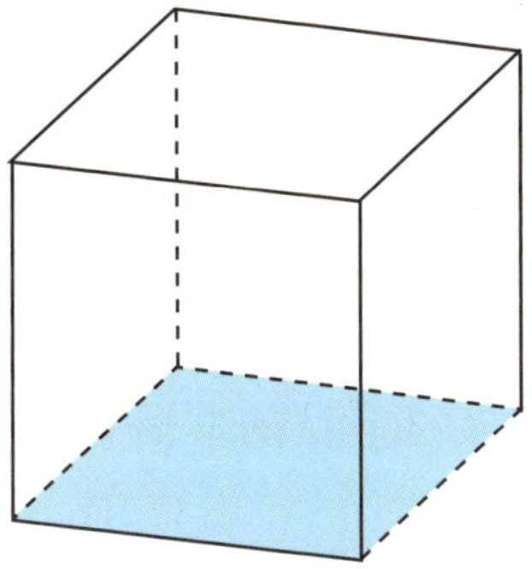

÷３＝

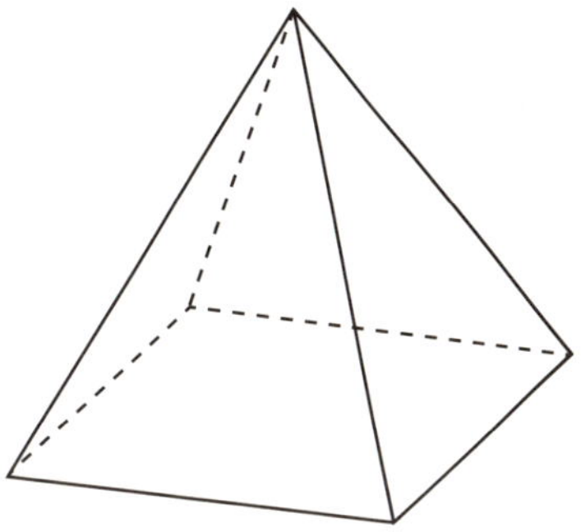

３で割ると、なぜ四角すいの体積になるのでしょうか？

5 それは、角柱を３つに切り分けるとわかります。

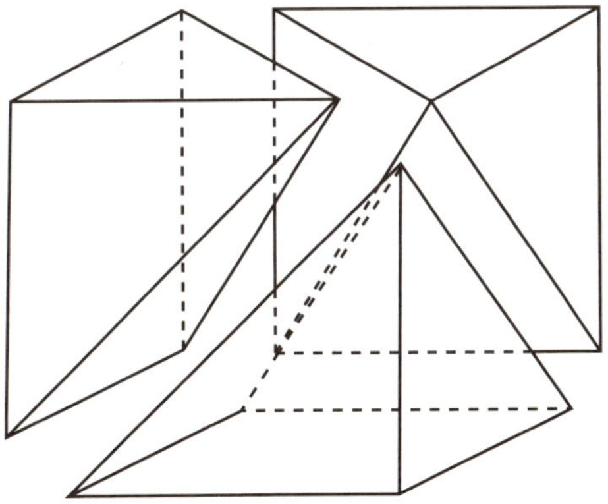

こうすると、底辺と高さが同じ角すいが３つできます。「底辺が同じで高さが等しい角すいは体積が同じ」だから３で割るのです。

すい体の「すい」が意味するものは？

円すいや角すい、三角すいなどのすい体は、「平面上の円や多角形の各頂点と平面外の一点とを結んでできる立体」だ。「すい」は漢字で書くと「錐」になり、道具の「きり」と読むこともできる。そこから転じて〝先の鋭くとがった立体〟という意味になったと考えられる。

ちなみに、大工の世界では昔から「一錐《いちきり》、二鉋《にかんな》、三釿《さんちょうな》」といわれるように、錐は扱いが最も難しい道具とされてきた。この錐の字が使われたすい体もまた、扱うのが特に難しい形といえる。

「速度」と「時間」の関係をおさえていますか？

速度と時間の問題はちょっと見方を変えて、長方形の面積を計算する式に当てはめて考えてみるとわかりやすくなります。

1

全長 10 mのトラックが毎秒 15m の速さで走っています。このトラックが長さ 290 mのトンネルを入って出てくるまでには何秒かかるでしょうか。

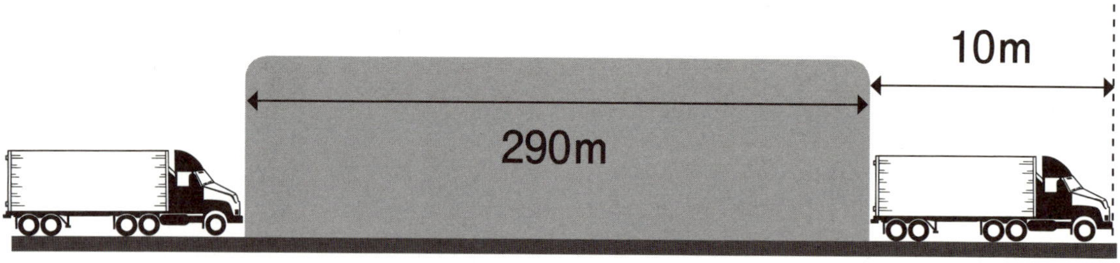

2

答えは

「20 秒」

です。

3

時間の公式は、

時間＝距離÷速さ

ですが…

4

この計算を長方形の面積図で表してみるとこうなります。

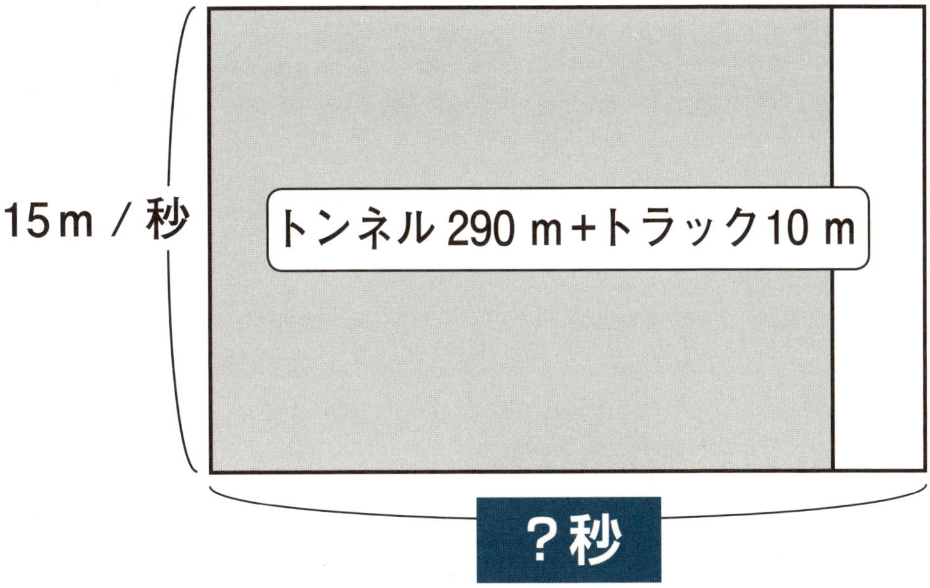

面積を 300 と考えると、
300 ÷ 15 ＝ 20（秒）になります。

「速度」を求めるには？

20km の道のりを３時間かけて走った。途中で 30 分の休憩をはさんだとして、この人は時速何 km で走ったことになるだろうか。

速度を求める公式は「距離÷時間＝速さ」になる。そこで、今回与えられている数字を当てはめると「20km ÷（３－ 0.5 時間）」になり、「時速 8km」が正解ということになる。

ちなみに音や光、ロケットなどの速さは時速で表すと数字が大きくなってしまうために秒速で表されるが、たとえば光の速度は秒速約 30 万 km、たった１秒で地球（１周は約４万 km）を約７周半するという驚異的なスピードになる。

できる大人の「時間」の読み方

所要時間がスムーズに計算できるようになると、移動にかかる時間がすばやく割り出せて、旅行の計画を立てるのも楽しくなります。

1

電車の時刻表があります。

駅名	発車時刻		
A	㊢普 7:05	㊢特 7:35	㊢急 7:45
B	7:12	｜	7:58
C	7:25	↓	↓
D	8:00	8:32	8:40
E	8:16	｜	8:56
F	8:31	↓	↓
G	8:53	9:09	9:25
H	9:05	｜	｜

2

普通電車、特急電車、急行電車に乗った場合のＡ駅からＧ駅までの所要時間は、何時間何分になるでしょうか？

3

答えは

普通電車…1時間48分

特急電車…1時間34分

急行電車…1時間40分

です。

4

所要時間は

到着時刻－発車時刻

で求めることができます。

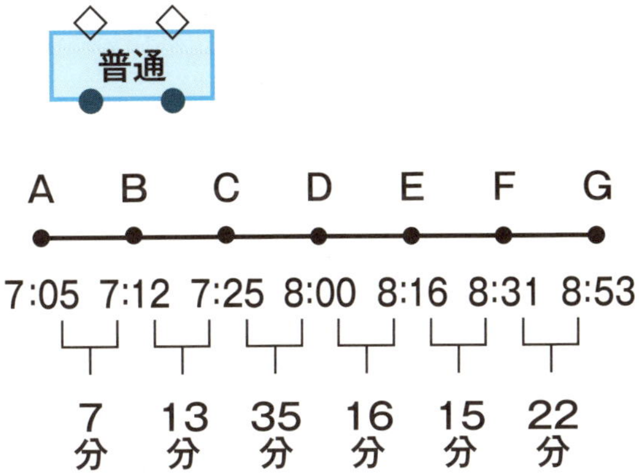

「分」や「秒」はどうやって決まった？

時間の基本単位である「分」や「秒」は、もともとは地球の自転に基づいて決められている。

地球が１回自転する時間を１日として、その24分の１を１時間、１時間の60分の１を１分、さらにその60分の１を１秒と定めてきた。

この「60進法」や「12進法」という概念は、もともと紀元前2000年頃にメソポタミア地方に栄えたバビロニアで誕生したものだといわれている。

ところが、地球は太陽の周りを公転しているため、自転をするときにかかる時間が一定ではないことがわかった。

そこで、今では原子の振動数をもとに計測する原子時計を使って１秒という単位を定めているのだ。

この原子時計は１日にわずか100万分の１秒しか誤差が生じないという正確なものだ。

この方法が採用されたのは1967年とそう古い話ではない。この50年足らずの間に、時間の概念はわずかながら変わっていたのである。

コラム

三角定規やコンパスはいつから使われていた？

定規とコンパスだけを使って正五角形を描く方法というのがある。最初に任意の一辺の線を引いて、その辺の真ん中に垂直に１本の線を引き、それをもとに各頂点の位置をコンパスで割り出していくのだ。

じつはこの作図の方法は、紀元前３００年頃の数学者ユークリッドの著書『原論』に載っている。つまり、コンパスは古代ギリシャ時代にはすでに作図の道具として使われていたのだ。三角定規も同じ時代には学校の教材として使われていたというから、どちらもその歴史はかれこれ２３００年以上ということになる。

ロンドンの大英博物館は、古代ローマ時代の三角定規やコンパスを所蔵しているが、その形や機能は現代のものとほとんど変わらない。このような小さな製図器と算数や理科の理論を使って、アテネやローマの巨大な建造物がつくられたのかと思うと感慨深いものがある。

★古代ギリシャの三角定規とコンパス

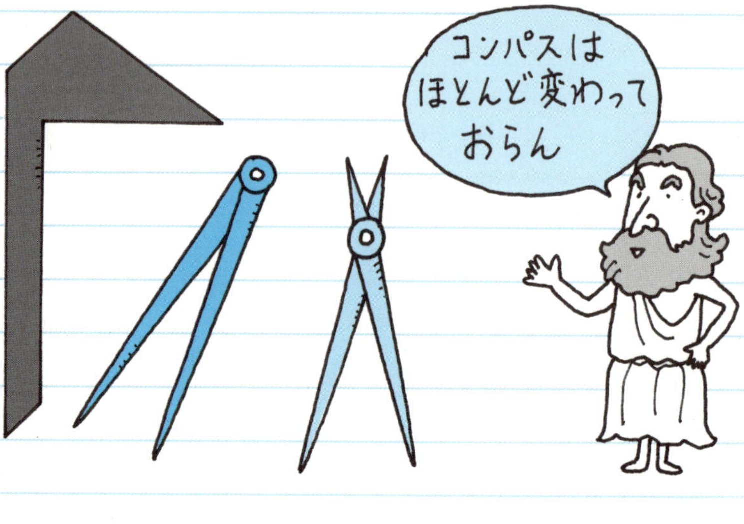
コンパスは
ほとんど変わって
おらん

特集③

知っておきたい キホンの公式・原理

小学校で習ったものの、ほとんどの人が使わずに記憶の引き出しに入れたままになっている公式や原理、原則。大人になってからあらためて見てみると、社会ではそれらの原理が応用されていることに気づくはずだ。

算数

面積の公式

平行四辺形＝底辺×高さ

三角形＝底辺×高さ÷ 2

台　形＝（上底＋下底）×高さ÷ 2

ひし形＝対角線×対角線÷ 2

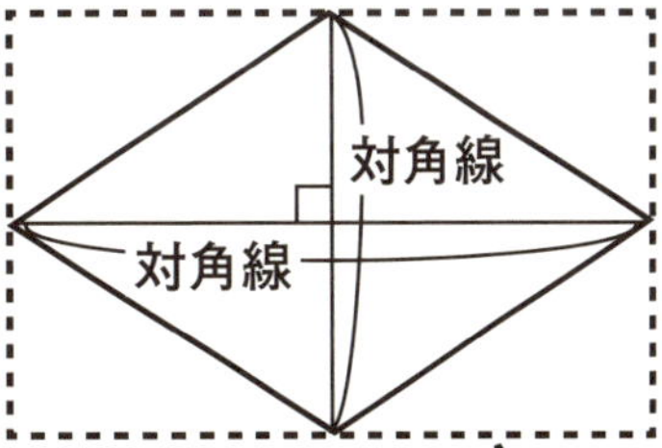

ひし形は、外側に長方形をイメージするとわかりやすい

内角の和

n 角形の内角の和

＝ 180°×（n － 2）

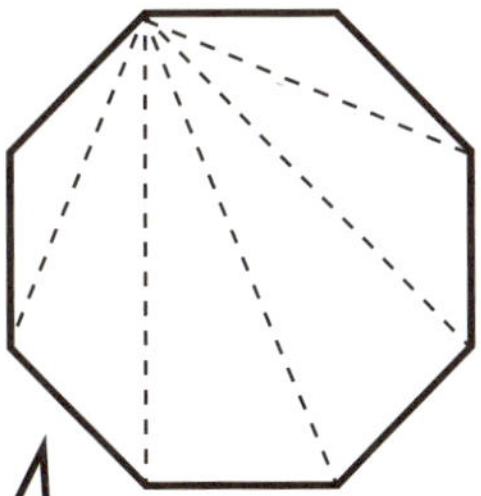

三角形の数は、常に n より 2 つ少ない

速さ

速さ＝道のり÷時間

道のり＝速さ×時間

時間＝道のり÷速さ

平均

平均＝

合計÷個数

利益

利益＝売り値－仕入れ値

利益率＝利益÷仕入れ値

場合の数

確からしさ＝

求める場合の数

÷全体の場合の数

酸性とアルカリ性の特徴

酸性 は、青色のリトマス紙につけると赤色に変化する。

アルカリ性 は、赤色のリトマス紙につけると青色に変化する。

ものが燃える３つの条件

- 酸素
- 温度
- 燃えるもの

すべてが揃っていること

てこの原理

てこには「支点」「力点」「作用点」があり、重いものを小さな力で持ち上げるためには力点から支点までの距離を長くするといい。

天気の移り変わり

日本の天気が西から東へ移り変わるのは、日本の上空には西から東へ偏西風が吹いているため。

右ねじの法則

ねじと電流の進む方向が同じであるとき、ねじを回す向きと、磁力線の向きは同じ。

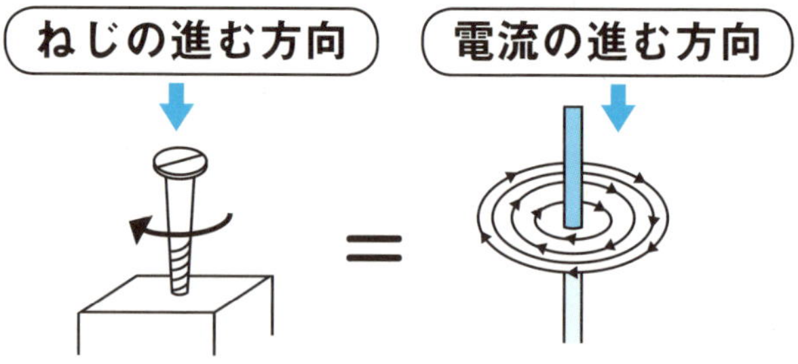

惑星と衛星の違い

惑星 とは太陽の周囲を公転し、太陽の光を反射して光っている星（地球も惑星のひとつ）。

衛星 とは惑星の周囲を公転している星（月は地球の衛星）。

星の明るさ

星の明るさは、１等級上がるごとに約 2.5 倍ずつ明るくなる。ちなみに、１等星は６等星のおよそ 100 倍の明るさがある。

4

比べる・グラフ

大人のための
数字の読み方

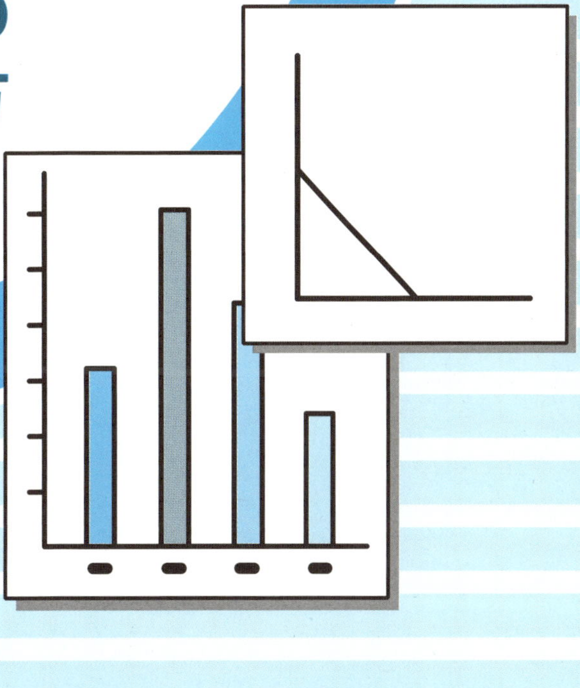

小3 | 小4 | 小5 | 小6 | 中1 | 中2

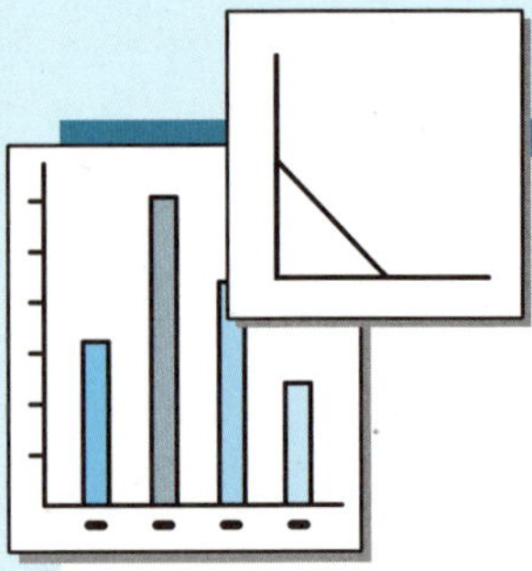

気になるデータを「グラフ」にするプロのコツ

グラフならどれを使ってもいいというわけではありません。複数の値をひと目で比べられる適切なグラフはどれかを知りましょう。

1 次の値を示すのに適したグラフはどちらでしょう。

① 次期首相にしたい人の調査結果
② 内閣支持率の調査結果

2 答えは

① 棒グラフ

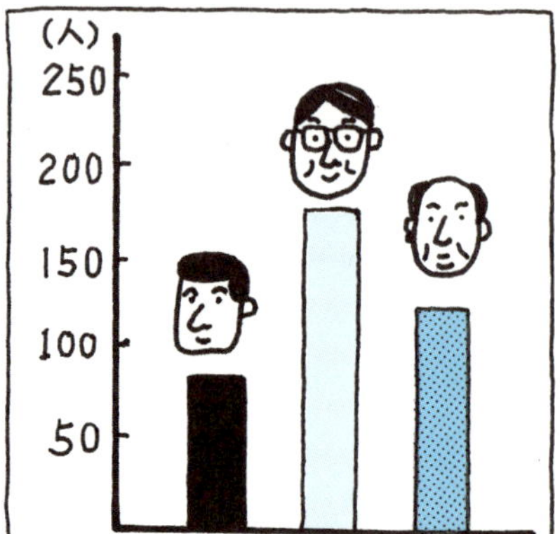

② 折れ線グラフ

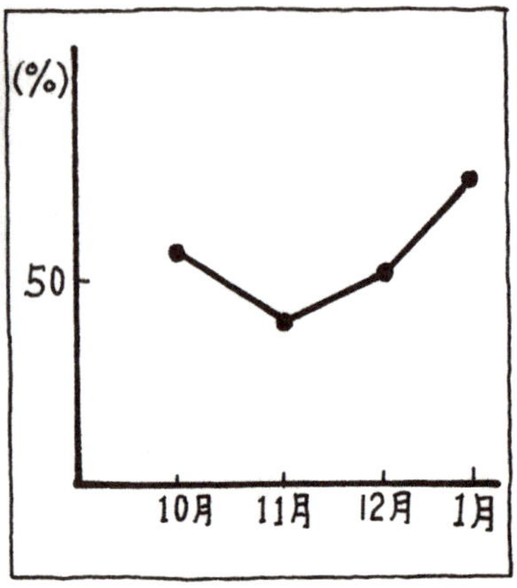

3

つまり、棒グラフは「個別的なこと」、折れ線グラフは「変化」を表すのに適しているのです。では、次の数値を適切なグラフを使ってグラフにしてみましょう。

Ⓐ 東京の月別平均気温(℃)

1月	2月	3月	4月	5月	6月	7月	8月	9月	10月	11月	12月
6	6	9	14	18	21	25	27	23	18	13	8

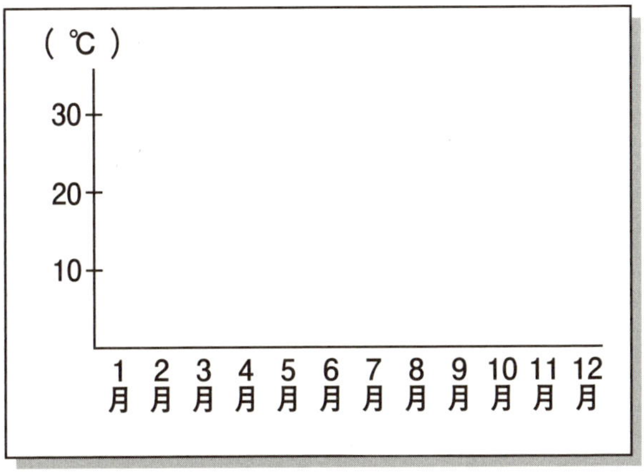

Ⓑ 国別の自動車生産量(台数)

アメリカ	日本	ドイツ	フランス	中国
800万	900万	500万	400万	1800万

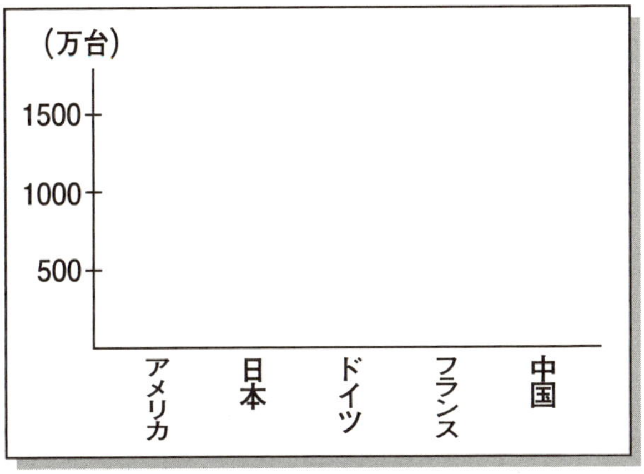

答え：Ⓐは折れ線グラフ、Ⓑは棒グラフが適しています。

こんなときは円グラフ？棒グラフ？

売上高の増減や生産量の推移などをみるときに欠かせないのがグラフだが、棒グラフや折れ線グラフのほかにもさまざまなグラフがある。

いざ書類にグラフを入れ込もうとして、どれにすればいいのか迷ったことはないだろうか。

たとえば、あるデータの中における構成比を表わしたり、複数のデータの中で特に注視してもらいたいポイントがある場合は、「円グラフ」を選ぶといい。

また、複数のデータの相関関係を示したいときには「散布図」がぴったりだ。

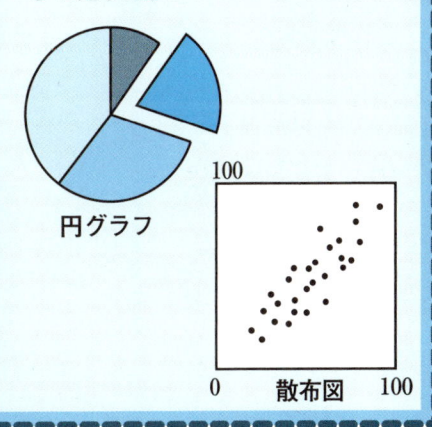

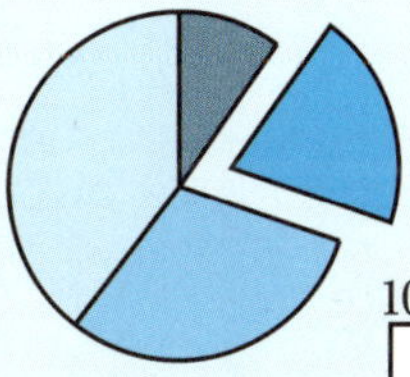
円グラフ

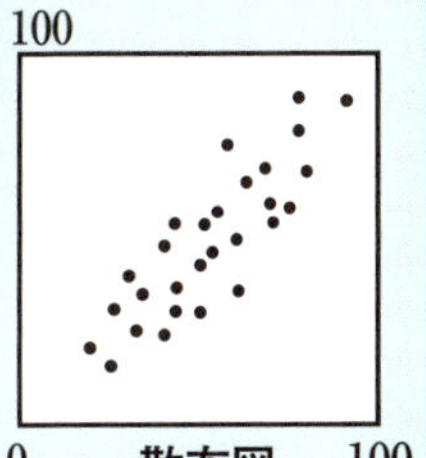

散布図

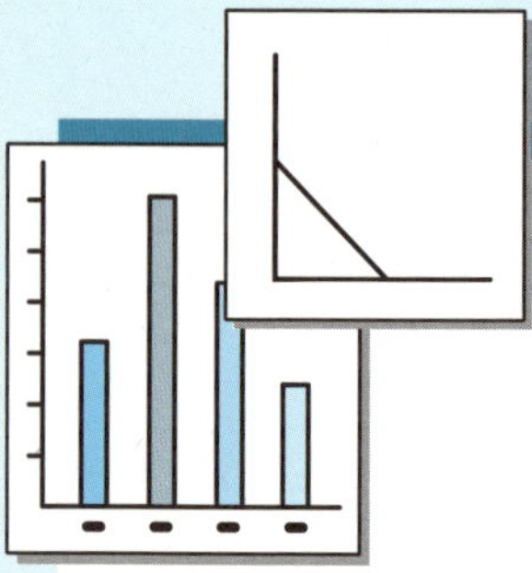

そもそも、「比例と反比例」ってなんだった？

両方が一緒に増減しているものを「比例」、一方が増えているのにもう一方が同じ割合で減っているものが「反比例」です。

1 次の図は、比例と反比例のどちらを表しているでしょうか？

①

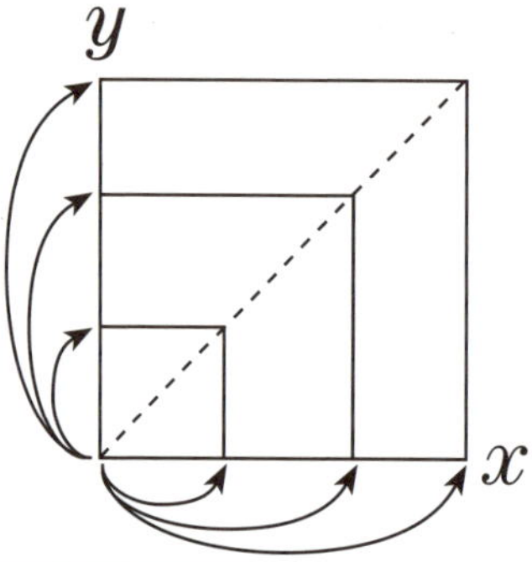

②

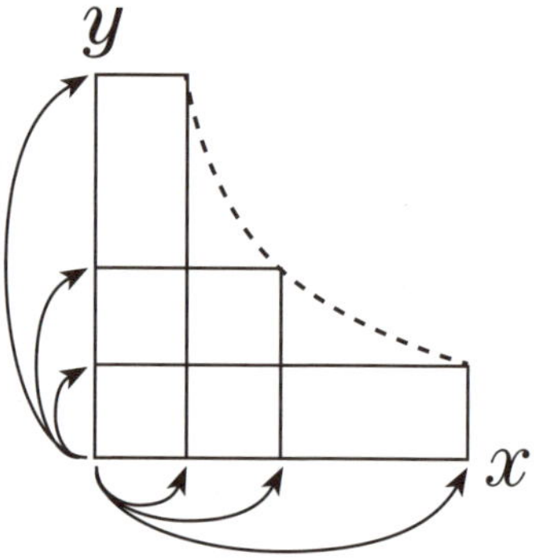

2

答えは

① **比例**

② **反比例**

です。

3 x が２倍、３倍…と大きくなるのに伴って y も２倍、３倍になるのが「比例」。

x が２倍、３倍と大きくなるにしたがって y が $\frac{1}{2}$、$\frac{1}{3}$ と小さくなるのが「反比例」です。

ロシアのマトリョーシカは比例

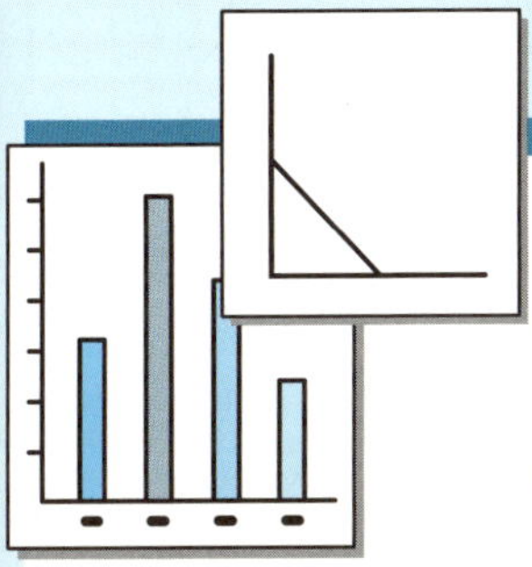

物事を客観的につかめる「平均」の考え方

平均点や平均収入など、自分の現在の状況や能力を客観的に見つめるのに役立つのが「平均」の値です。

1 次の4人の平均身長は何㎝になるでしょう。

2 答えは

(130＋134＋120＋140)÷ 4＝131㎝

3 このように分け合えば平均値になります。

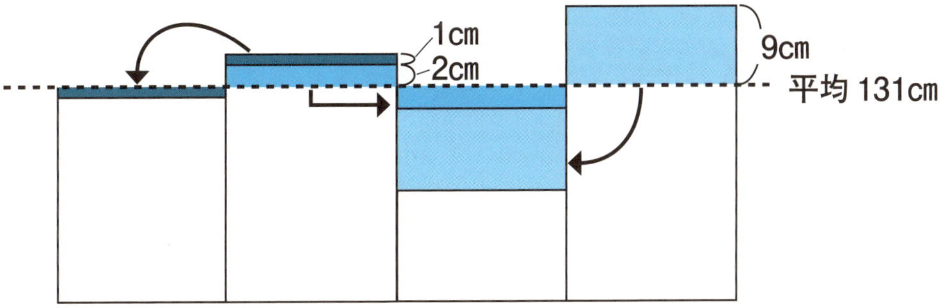

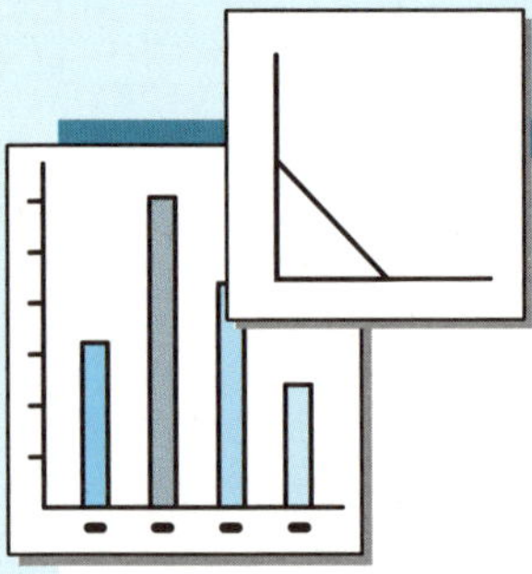

「割合」がわかれば、得か損かひと目でわかる！

買い物をしているとよく目にする「○% OFF」や「○割引き」の文字。
値引価格をすぐに出せるように計算感覚を磨いておきましょう。

1

次の□を埋めましょう。

① 1000円の50%は □

② 1250円の8割は □

③ 5000円の5%は □

2

答えは

① 500円

② 1000円

③ 250円

です。

3

割合は

元にする量×割合
＝比べる量

で考えるとわかりやすくなります。

4 では、次の場合はどうでしょうか

モデルルームとして使用されていたマンションの一室が 25%引きで売りに出されることになりました。

売り出し当時の販売価格は 3900 万円です。値下げ後の販売価格はいくらになるでしょうか。

（元にする量）（割合）　（比べる量）

3900 万円× 0.25 ＝ 975 万円

3900 万円－ 975 万円＝ 2925 万円

値下げ後の販売価格：

975 万円引きの 2925 万円

ふだん気がつかずに使っている「割合」の計算

割合の公式は「元にする量」や「比べる量」といった表現が使われるせいかどこかイメージしづらい。しかし、お金の計算をするときなど、誰でも気がつかないうちにこの公式を使っている。

たとえば、「300 万円を年利 1.1％で運用すると 1 年後にはいくらになるか」を計算するとき、「300 万円× 1.1％」は「元にする量×割合」のことになり、この式で求められる「比べる量」は「利息」を表わしているのだ。

こうして身近な例で考えれば、割合の公式はもっと簡単に理解できそうである。

小3 小4 小5 **小6** 中1 中2

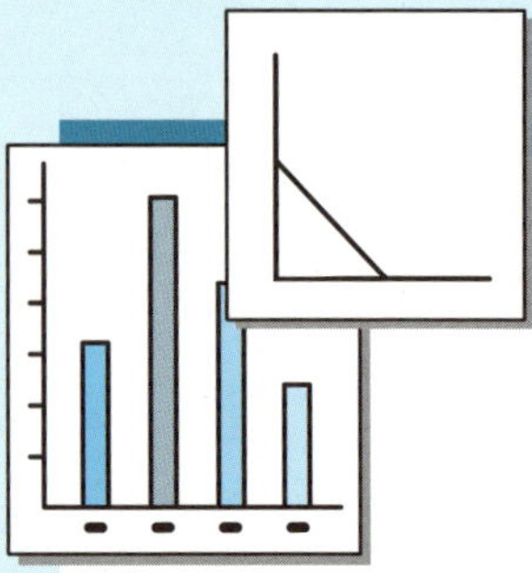

日常生活できっと役立つ「比率」の法則

「比」がわかっていると、２人分の料理の材料を３人分に再計算するときなどにも役立つので便利。生活の中で登場頻度が高い算数です。

1

比率の問題です。次の□に入る数字を答えてください。

A4 用紙のサイズは、およそタテが 30㎝、ヨコは 20㎝です。タテとヨコの比は□：□でしょう。

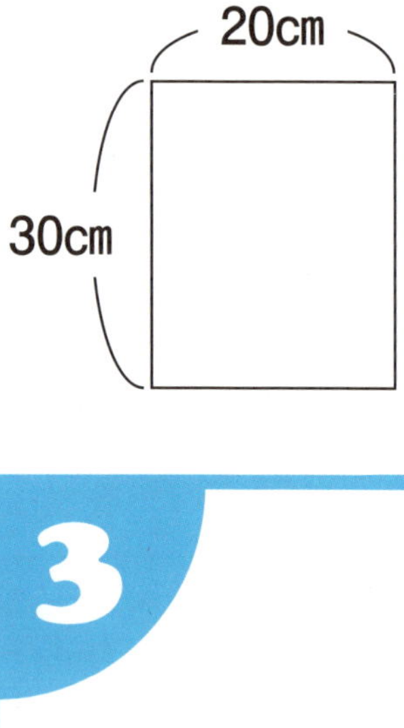

2

（タテ）（ヨコ）

30：20 ＝ 3：2

同じ数で割って数字を小さくする

3

答えは

3：2

です。

4 では、これはどうでしょうか

今ではすっかりおなじみになったワイドテレビですが、画面サイズの横と縦の比は「16:9」です。それでは、画面の横幅が88cmだったとき、縦は何cmになるでしょうか？

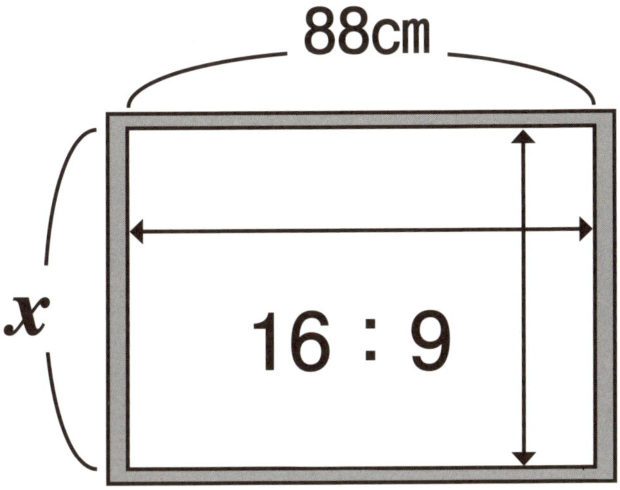

$88 : x = 16 : 9$

$16x = 792$

$x = 792 \div 16$

$x = 49.5$

答えは
49.5cm
です。

比の計算が一瞬でできる「田」の字の計算術

比の計算方法として昔から使われているのが「田」の字の計算だ。実際に上の図と同じように、テレビの画面サイズを求める計算で試してみよう。

まず田の字を書いたら、左列の上のマスには「88cm（横幅）」、同じく下のマスには「16」と入れる。同様に右列の上のマスには「x cm（縦）」、下のマスには「9」と書く。これらの数字をそれぞれ斜めにかけ合わせた値は等しくなる、というのがこの計算のルールなので、そこから「88 × 9 = 16x」となって、「x = 49.5」という答えを導き出すことができる。

ナナメ同士でかける！

88	x
16	9

小3	小4	小5	小6	中1	中2

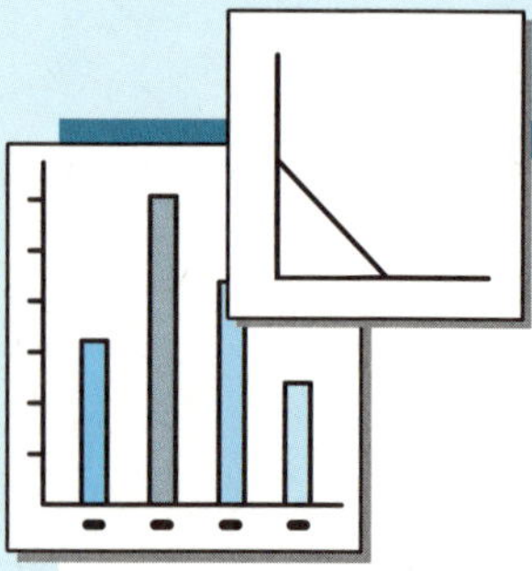

「概数」を使って世界の今をつかむ！

ふだんの生活では数は一の位まで表さなくても、だいたいわかっていればOK。「概数」で大まかな世の中の流れを読めるようになります。

1

次の数を下記の3つの方法で千の位までの概数にしましょう。

723981

① 切り捨て
（求める位未満の端数を捨てる）

② 切り上げ
（求める位未満の端数を、求める位に1として加える）

③ 四捨五入
（求める位の次の端数が4以下なら切り捨て、5以上なら切り上げて1として求める位に加える）

2

答えは

① 723000
② 724000
③ 724000

です。

3 概数はこんなときに役立ちます

たとえば…

資源Aの埋蔵量（トン）

中国	138,926
南アフリカ	137,218
オーストラリア	99,298
インド	97,928
ロシア	82,888

この数字を百の位で四捨五入して万単位で表記すると

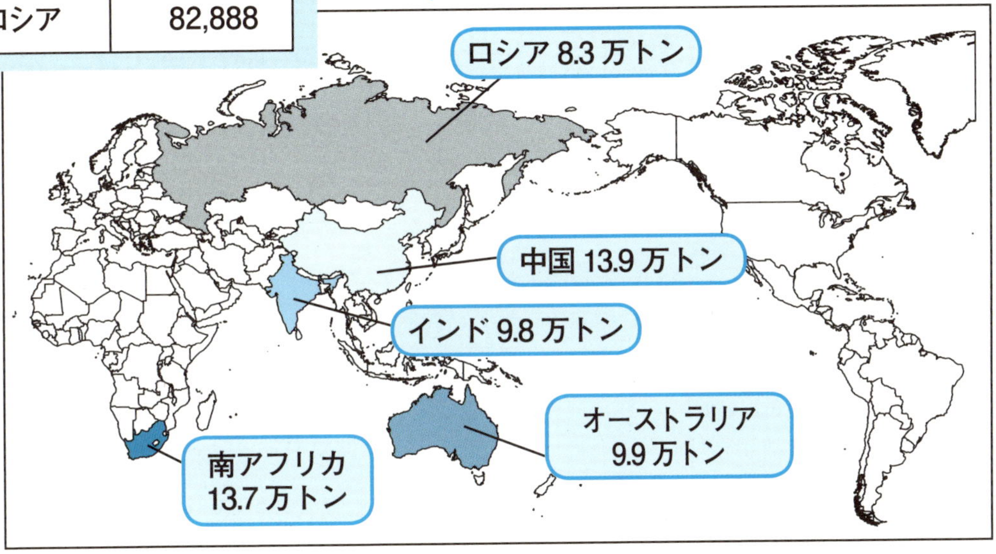

各国の埋蔵量が一目で比較できる！

「以上」「以下」「未満」の正しい使い方

概数を学ぶときに登場するのが「以上」「以下」「未満」などの表現だが、混同しがちなこれらを正しく使うことはできているだろうか。

まず、「以上」と「以下」はその数字を含むもので、「未満」は含まない。たとえば整数で「100 以上」ならば 100 を含む 100、101、102…となり、「100 以下」ならやはり 100 を含む 100、99、98…となる。一方で「100 未満」なら 100 は含まないので、99、98…になる。同様の表現として「〜から」は以上と同じで、「〜まで」は以下と同じ意味になる。

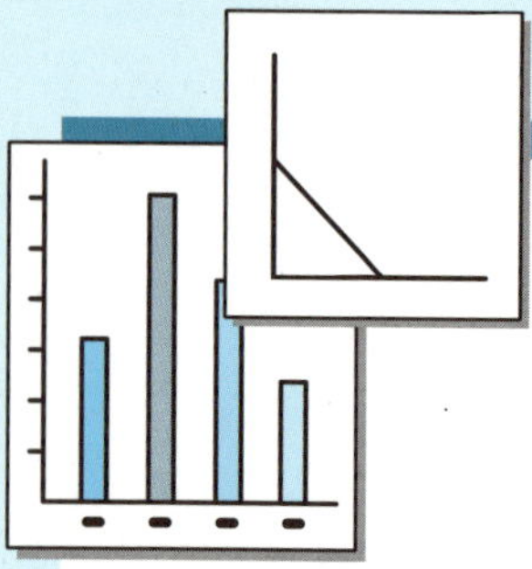

判断に迷ったら、「確率」を使う！

宝くじの当選確率やジャンケンに勝つ確率など、身近にあるありとあらゆる「確率」を計算してみましょう。

1

3人が1枚ずつコインを持って投げました。
2枚のコインが「表」で、1枚のコインが「裏」になる確率はいくつでしょう。

表　表　裏

2

答えは
約 $\frac{3}{8}$ です。

3

確率を出すためには、まずコインを投げたときに起こる結果が何通りあるか考えます。

（○＝表、●＝裏）

8通り

○	○	○	●	○	●	●	●
○	○	●	○	●	○	●	●
○	●	○	○	●	●	○	●

3通り

8通り中、表が2枚になるのは3通り。だから $\frac{3}{8}$ となります。

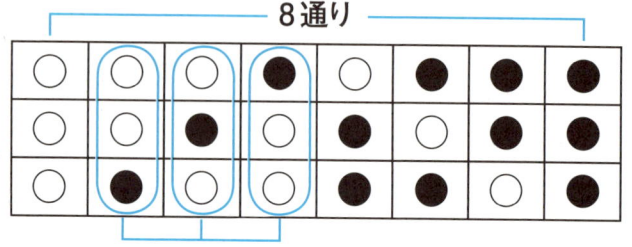

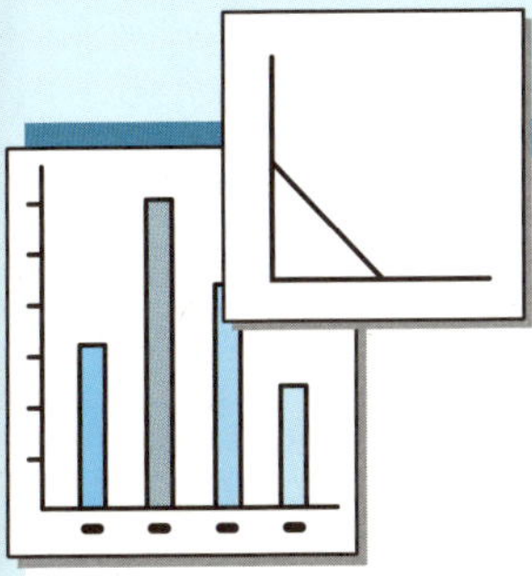

位置を示すのに「座標」は欠かせない！

広範囲な地図に載っている場所でも、「座標」で位置が示されていればすぐに探し出すことができます。

1 下のグラフの位置を表しましょう。

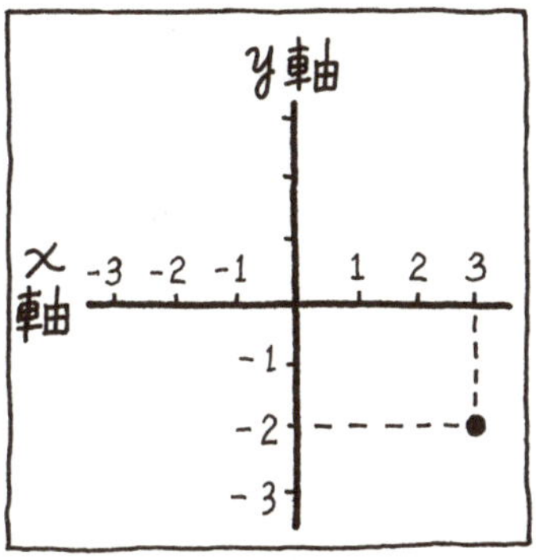

2 答えは

(3、－2)

です。

x 軸の3、y 軸の－2が交わる位置にあるのでこのように表します。

3 座標は地図にも使われています。

市民ホール…1-C
緑の森公園…1-A
図書館……3-A

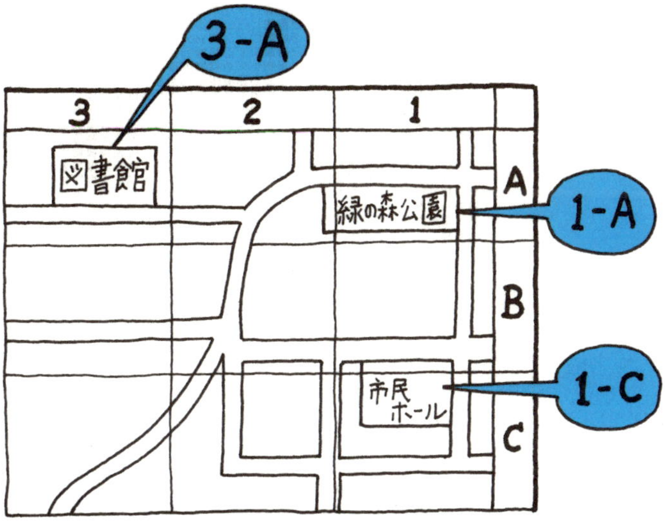

コラム

ある数字に0をかけると、なぜ0になる？

〝三つ子の魂百までも〟ではないが、小学生のときに暗記した「九九」はいつまでも記憶に残っているものだ。実生活でも大いに役立っているのではないだろうか。

ところで、かけ算のテストでは九九の表にはなかった「0のかけ算」が出題されたことを覚えているだろうか。かけ算の問題に0が出てくると答えはすべて「0」になる。計算をしなくてもいいラッキーな問題と思っていた人も多いはずだ。

だが冷静に考えてみると、なぜ、かけ算は式の中に0があるとすべての答えが0になるのだろうか。たとえば、「2×3」の場合は2個の3倍だから答えは6となる。だったら、「2×0」の場合も同じで、2個は存在するのだから、0をかけても2個は残るのではないかと考えても不思議ではない。

これは、かけ算のもつ意味を考えると理解しやすい。「2×3」は2個のかたまりが3個あるという意味なので、「2×0」の場合は2個のかたまりが〝0個ある〟という意味になる。つまり、「2個のかたまりがひとつもない」ということだ。

一方、「0×2」は0個のかたまりが2個あるという意味なので、「もともと何もないものが2個ある」ということになる。いくら、どんな数字をかけたところで、何もないところからは何も出てこないのである。

0のかけ算とは

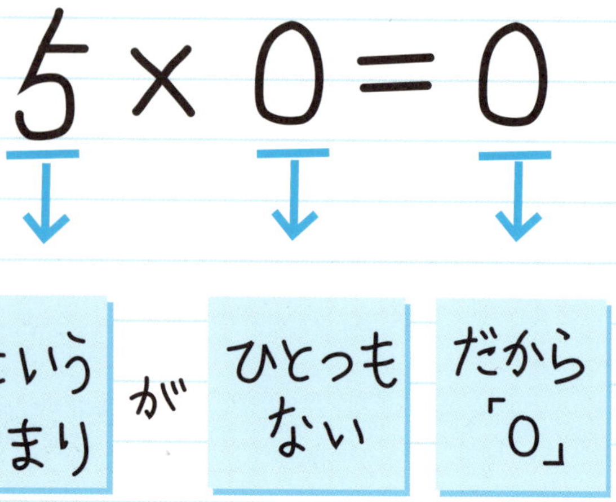
5×0＝0
「5」というかたまり
が
ひとつもない
だから「0」

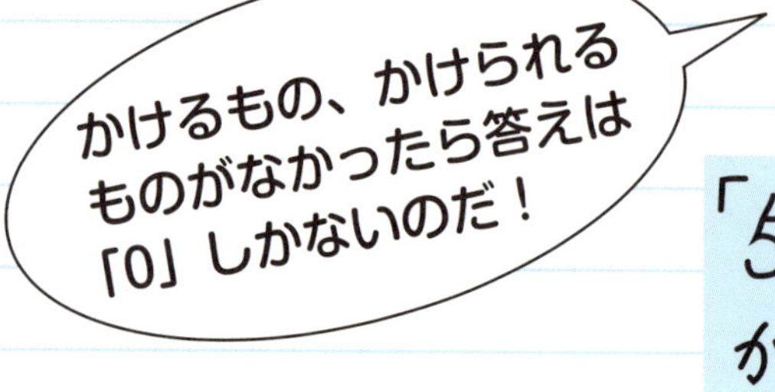
かけるもの、かけられるものがなかったら答えは「0」しかないのだ！

5

物質・エネルギー

日常生活に役立つ理科のツボ

小3 | 小4 | 小5 | 小6 | 中1 | 中2

「氷」「水」「水蒸気」の違いを簡単にいうと…？

温度が上昇すると氷が溶けて水になり、さらにそれが蒸発していきます。これは自然界のサイクルと同じです。

1

固体、液体、気体といって思い浮かべるものといえば…？

2

やはり、氷、水、水蒸気ではないでしょうか？

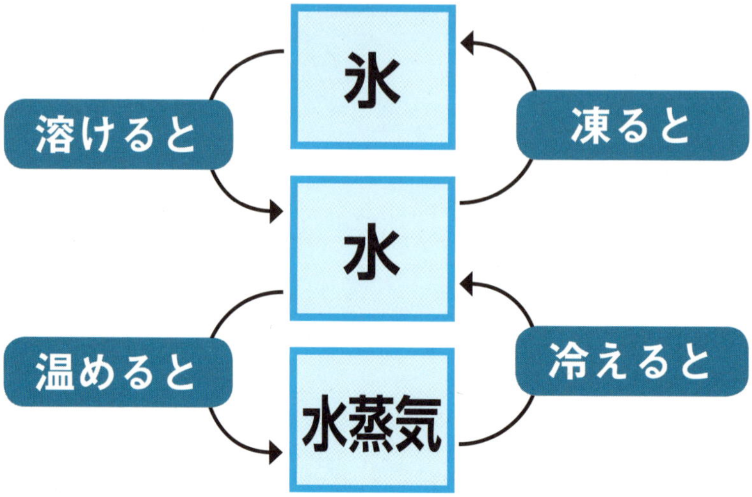

3 固体、液体、気体の形には特徴があります。

固体

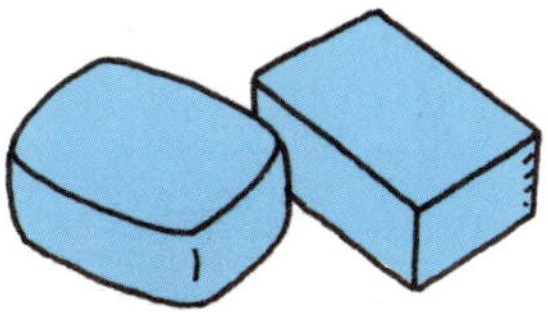

……形を持っている

液体

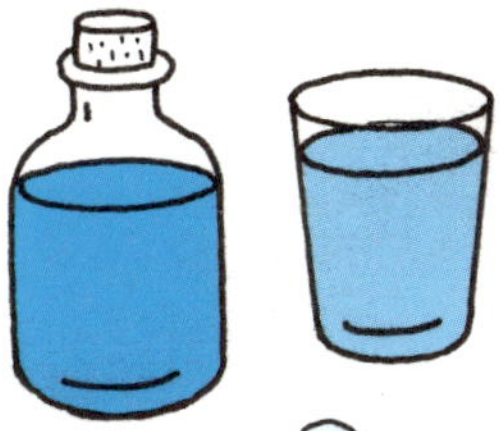

……入れる容器によって形が変わる

気体

……容器の大きさや形に合わせて広がる

4 分子同士の結合力も違います。

分子同士の結合力

とても強い

分子同士ががっちりとくっついている状態

強い

分子が動きやすい状態

弱い

分子が自由に動き回っている状態

液体にならないドライアイスの不思議

　多くの物質は温度や圧力などの条件によって固体や液体、そして気体と３つの状態に変化する。ところが、一度も液体にならずにすぐに気体に変わる固体が、保冷材として使われるドライアイスだ。

　ドライアイスは二酸化炭素が固体化したものだが、分子同士の結合力が弱いために、温度が上がるとすぐに分子が気体として空気中に逃げてしまうのだ。ちなみに、ドライアイスが溶けるときに出る白い煙は、二酸化炭素ではなく空気中の水蒸気が凍ったものだ。

「酸性」と「アルカリ性」の違いは何？

物質を水に溶かした水溶液をリトマス紙で判定すると、必ず酸性、中性、アルカリ性のどれかに当てはまります。

1 酸とアルカリの違いは、水に溶かしたときにわかります。

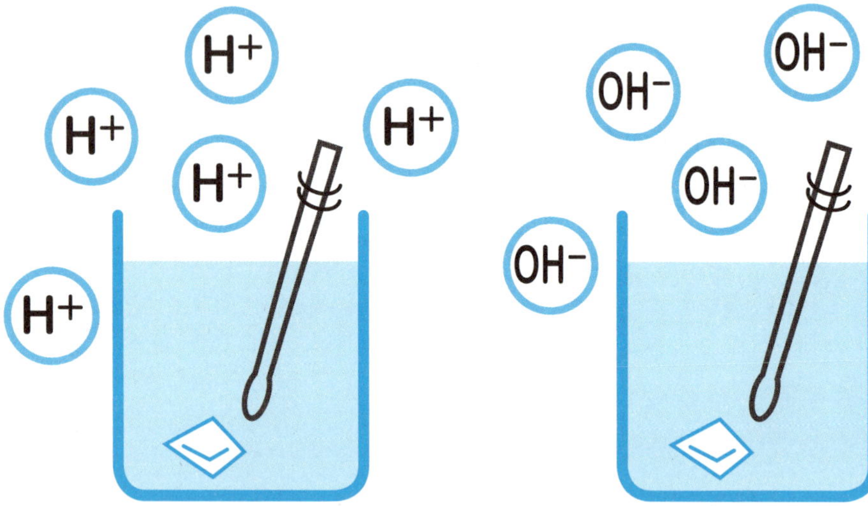

水に溶けたときに水素イオン（H^+）を放出するのが「酸」

酸っぱい

水に溶けたときに水酸化物イオン（OH^-）を放出するのが「アルカリ」

苦い

2

酸とアルカリをはかる単位は pH（ペーハー）といいます。

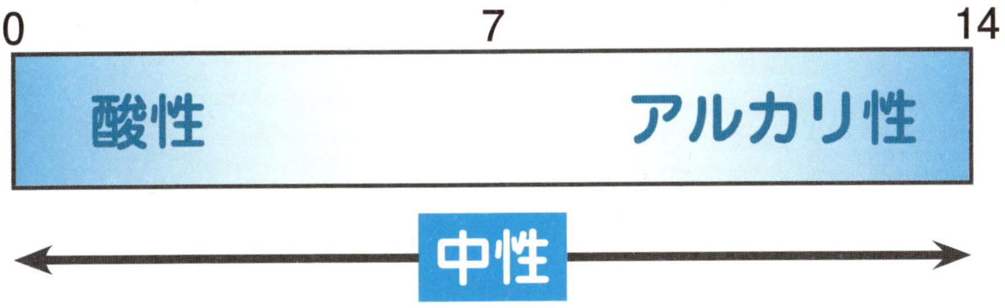

酸性はpH数が「0」に近いほど強く、アルカリ性は「14」に近いほど強くなります。
どちらかの性質も持っていないのは「中性」です。

3

食べ物にも酸性とアルカリ性のものがあります。さて、次の食品はどちらでしょうか。

①さつまいも	⑥米
②海藻	⑦砂糖
③肉	⑧ココア
④トマト	⑨納豆
⑤卵	⑩魚

4

答えは…

酸性＝③⑤⑥⑦⑧⑩
アルカリ性＝①②④⑨

甘い砂糖が酸性食品というのは意外ですが、体内で乳酸をつくる働きがあるため酸性に分類されます。

pH の意味とは？

酸性とアルカリ性の強さを表す単位の pH は「ペーハー」とか「ピーエッチ」と呼ばれるが、その語源はラテン語で「水素の重量」（Pondus Hydrogenii）を意味する言葉を略したものだ。pH について書かれた最初の論文がドイツ語だったため、ドイツ語読みの「ペーハー」が広まったのである。この pH は日本語では「水素イオン濃度指数」と訳される。

ちなみに、アルカリとは、もともとアラビア語で「灰」を意味する言葉で、灰を水に溶かした水溶液はもちろんアルカリ性を示す。

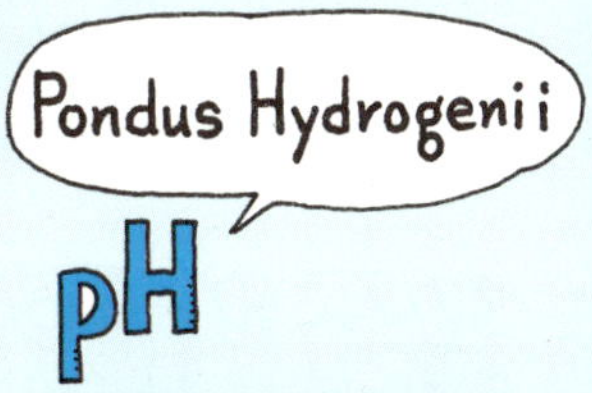

小3	小4	小5	小6	中1	中2

どうやって「音」は伝わるのか

音は目には見えませんが、音が出ているものは必ず振動しており、その振動は近くにある空気を押しながら広がっていきます。

1 「音」はあるものがないと伝わりません。さて、そのあるものとは何でしょう？

2 答えは**空気**です。

3 音を出しているものは必ず振動しており、その振動が空気を次々に圧縮して遠くまで音を伝えるのです。

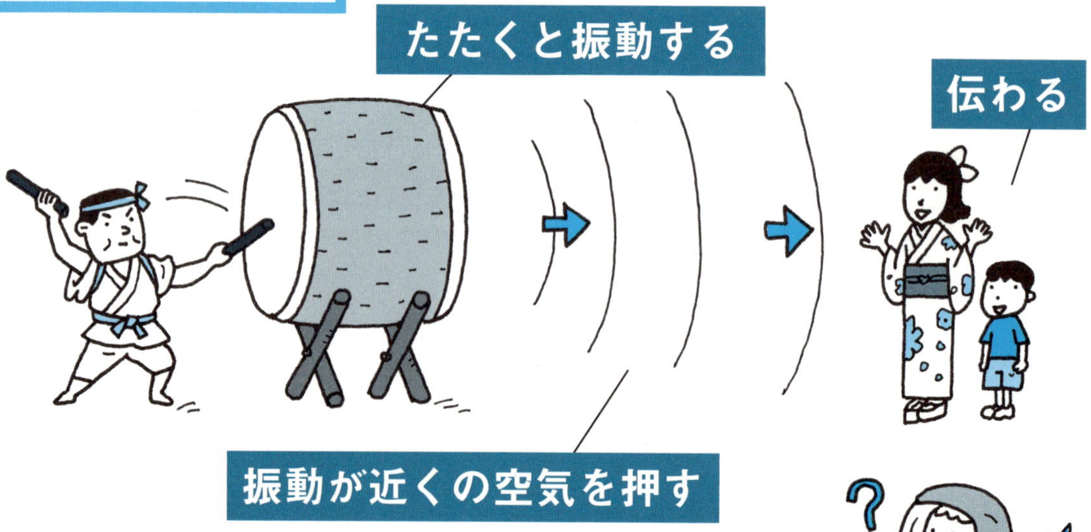

そのため、空気のない宇宙空間では音は伝わりません。

これだけは覚えたい「磁石」の不思議

鉄を引き寄せる石の存在は、古代ギリシャの時代から知られていました。地球も北と南に磁極を持つ〝磁石〟そのものです。

1 プラスチックやガラス、ゴムなどは磁石にくっつかないのに、なぜ鉄はくっつくのでしょうか？

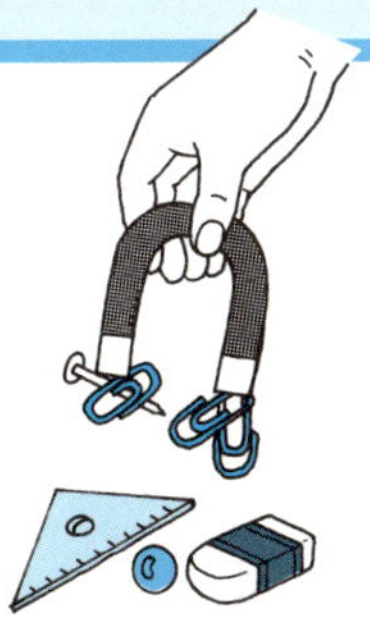

2 答えは、「磁石を近づけると鉄の原子が全部同じ方向に動くから」です。
ちなみに、原子とは「もの」を構成している一番小さな粒です。

3 磁石にくっつかないものは原子がバラバラに動いていますが、鉄の原子はこのようにパワーを集結させるのです。

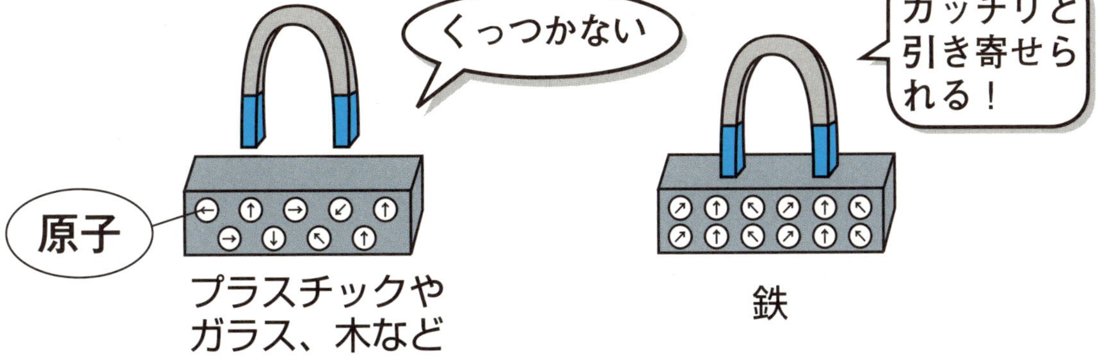

そうだったのか！「分子」と「原子」の謎

物は、すべて「原子」という極めて小さな粒が組み合わさってできています。もっとも小さな原子の直径は１ｃｍの１億分の１です。

1 これは「水」です。

こうして見るとただの液体ですが…、

2 電子顕微鏡で拡大してみると、

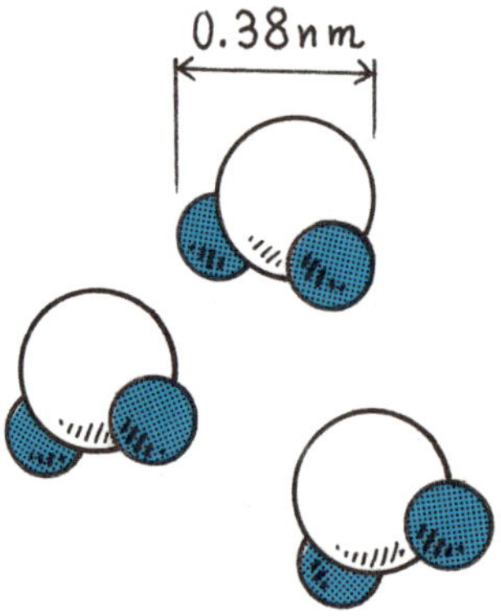

このような形のものが見えますが、これは水の「分子」です。水の分子はわずか 0.38 ナノメートルしかありません。

3 その分子を構成しているのは「原子」です。

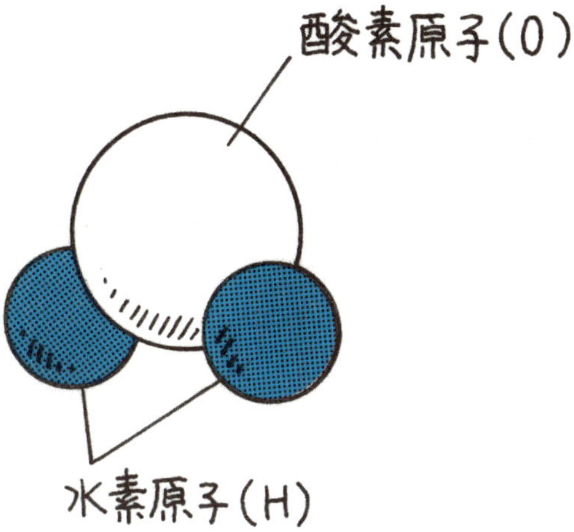

4 つまり、原子や分子が無数に集合したものが「物質」なのです。

空気はおもに窒素分子と酸素分子の集まりで、

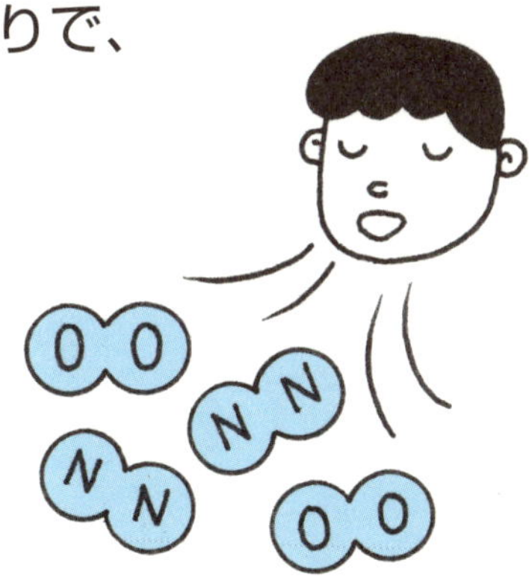

ダイヤモンドは炭素原子が結合したものなのです。

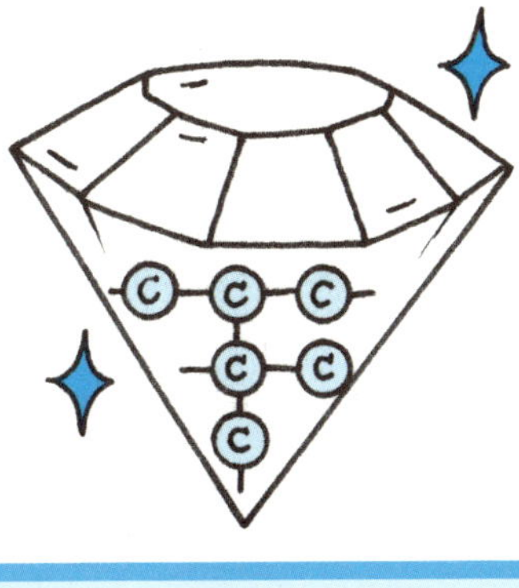

名前に「ポリ」がつくものの共通点とは？

飲料の容器などに使われるペットボトルの「ペット」（ＰＥＴ）とはポリエチレンテレフタレートの略で、石油からつくられる樹脂の一種だ。ポリ袋やポリ容器も同様にポリエチレンテレフタレート製である。

このほかにも、衣類に使われるポリウレタンや、台所のラップに使われるポリ塩化ビニルなど、名前の頭にポリがつく物質は多い。

このポリとは「たくさん」を意味する言葉で、さまざまな原子が組み合わさって生まれた、まったく新しい特徴をもつ分子「ポリマー」（高分子）であることを意味している。

モノが燃えるときの３つの条件とは？

焚き火やガス、ろうそくなど、さまざまな物質に火をつけることができますが、その炎を持続させるためには基本的な条件があります。

1

ものが燃えるためには、３つの条件が必要です。それは何でしょうか？

2

① 燃えるものがあること

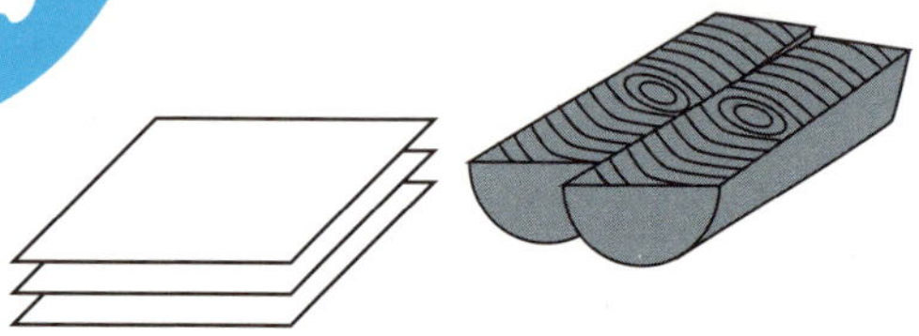

② 空気（酸素）があること

③ 発火点以上の温度になること

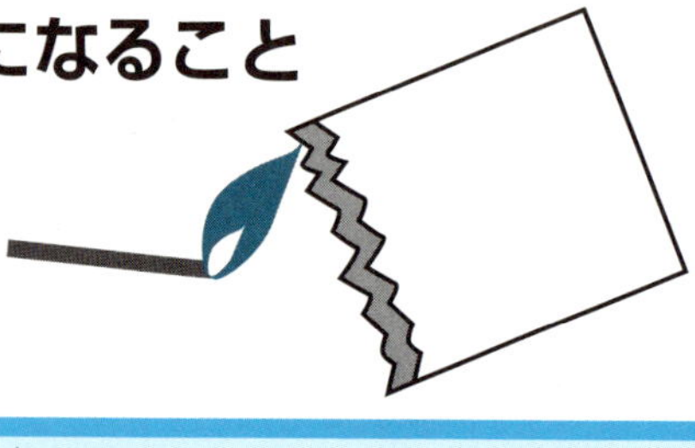

3

ろうそくが燃え続けているのは、この３つの条件が整っているからです。

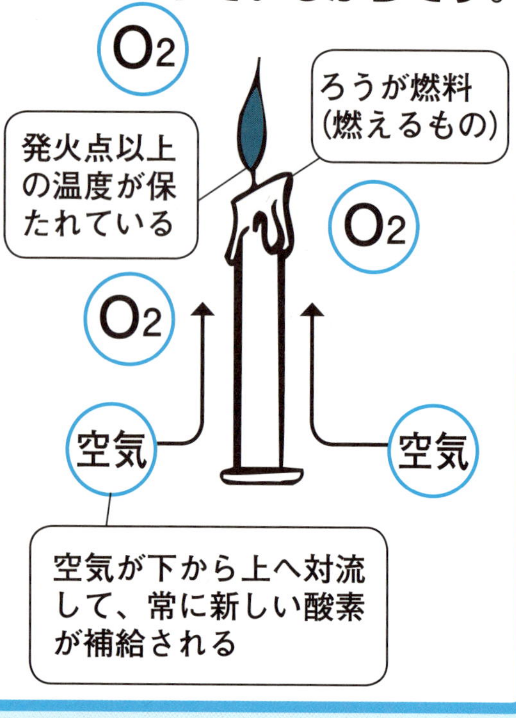

「電池」と「電球の明るさ」の関係は？

暮らしの中で欠かせない便利な電気。その流れは目には見えませんが、水路のようにプラス極からマイナス極に向かって流れています。

1

電池と豆電球をつないで明かりをつけるには、図のように輪になるように導線をつなぎます。

2

豆電球の光を強くするために、電池の数を増やしました。
明るさが増すのはどちらのつなぎ方でしょうか？

①並列つなぎ　②直列つなぎ

3

答えは②の
直列つなぎ
です。

① の並列つなぎでは、明るさは電池 1 つのときと変わりません。

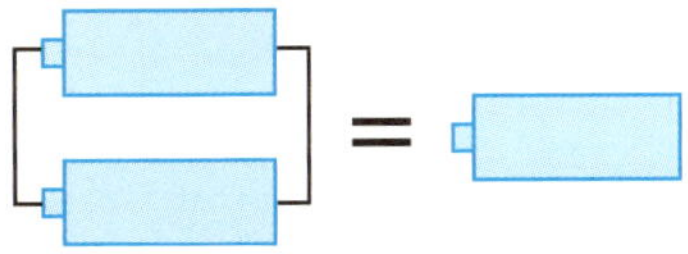

小3 | 小4 | 小5 | 小6 | 中1 | 中2

「光」の性質を覚えていますか？

同じ光でも、電球の光と太陽光とでは性質が異なります。影絵遊びをしてみると、その違いは一目瞭然です。

1

太陽光に照らされてできる影はくっきりとしていますが、懐中電灯の光でできる影は輪郭がぼやけてます。なぜでしょう？

くっきり！
ぼんやり

2

それは、
太陽の光は平行に進み、
電球の光は遠ざかるほど
広がって進むからです。

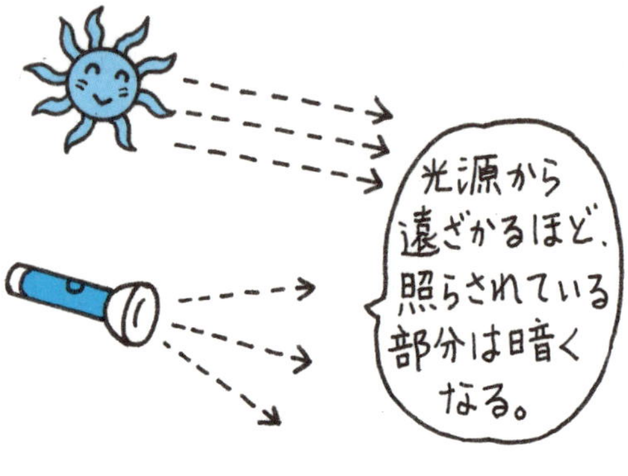
光源から遠ざかるほど、照らされている部分は暗くなる。

3

常に真っ直ぐに平行に進む太陽の光を曲げるには、あるものが必要です。
何でしょうか？

4

答えは
レンズ　です。

5

レンズを通すと光は屈折します。
中心が厚くなっている凸レンズは光を集め、中心が薄くなっている凹レンズは光を拡散します。

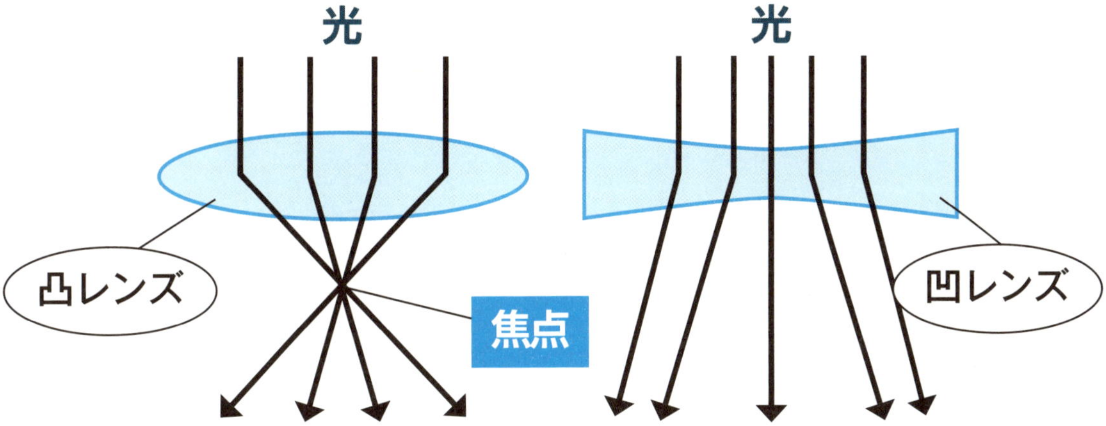

虫めがねで紙を焦がせるワケ

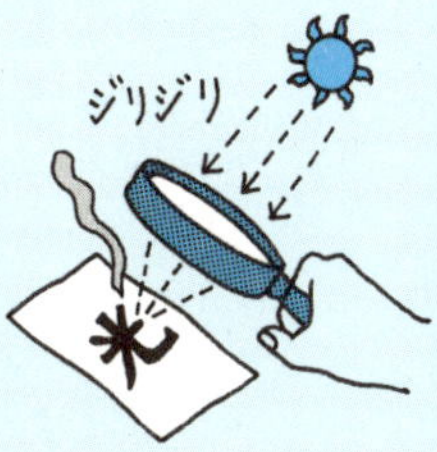

虫めがねで太陽の光を集めて黒い紙に穴を開ける実験は、子供の頃に誰でも一度は試したことがあるはずだ。太陽光線が虫めがね、つまり凸レンズに垂直に入ると、光は屈折して黒い紙の上の 1 点に集まる。その部分が高熱を帯びてやがて紙を焦がすのである。紙が発火する温度は 450 度くらいだから、虫めがねの小さなレンズで集めたとはいえ、その光はかなりの熱を発しているのだ。

ちなみにこの「レンズ」という名前は、凸レンズの形がスープなどの料理に使われるレンズ豆の形に似ていることに由来するものだ。

コラム

ノーベル賞に輝いた日本の科学者たち

日本の歴代ノーベル賞受賞者は 2011 年 8 月現在 18 名で、そのうち物理学賞は 7 名、化学賞も 7 名、生理学・医学賞が 1 名と、そのほとんどが理系の分野で受賞している。

1949 年（昭和 24 年）	物理学賞	湯川秀樹／中間子の存在の予言
1965 年（昭和 40 年）	物理学賞	朝永振一郎／量子電気力学での基礎的研究
1973 年（昭和 48 年）	物理学賞	江崎玲於奈／半導体におけるトンネル効果の発見
1981 年（昭和 56 年）	化学賞	福井謙一／フロンティア電子理論の研究
1987 年（昭和 62 年）	生理学・医学賞	利根川進／多様な抗体を生成する遺伝的原理の解明
2000 年（平成 12 年）	化学賞	白川英樹／導電性高分子の発見
2001 年（平成 13 年）	化学賞	野依良治／キラル触媒による不斉反応の研究
2002 年（平成 14 年）	化学賞	田中耕一／生体高分子の同定および構造解析のための手法の開発
	物理学賞	小柴昌俊／天体物理学、特に宇宙ニュートリノの検出
2008 年（平成 20 年）	化学賞	下村脩／緑色蛍光タンパク質（GFP）の発見
	物理学賞	小林誠／小林・益川理論と CP 対称性の破れの起源の発見
	物理学賞	益川敏英／小林・益川理論と CP 対称性の破れの起源の発見
	物理学賞	南部陽一郎（現在はアメリカ国籍）／自発的対称性の破れの発見
2010 年（平成 22 年）	化学賞	鈴木章／クロスカップリング反応の開発
	化学賞	根岸英一／クロスカップリング反応の開発

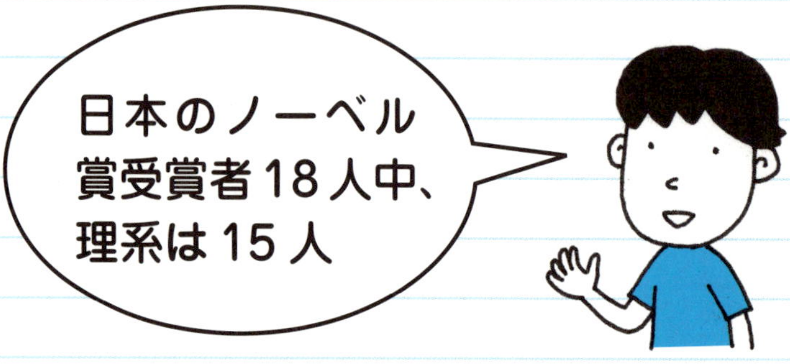
日本のノーベル
賞受賞者 18 人中、
理系は 15 人

6

宇宙・地球・人体

自然界の不思議な仕組み

覚えておきたい「雨」が降るメカニズム

地上の水が水蒸気となって空に昇り、その水蒸気が雲になり、やがて雨になって地上に降り注ぐ——。自然は循環しているのです。

1

空から地上に振り注ぐ雨。その水分はどのようにして空に溜められるのでしょうか？

2

雨はもともと地球上にあった水分です。海や川、湖などの水が水蒸気となって空に昇っていきます。

3

その水蒸気が上空で冷えて小さな氷の粒になったのが雲です。

そこにさらに水蒸気がくっついて氷の粒が大きくなると、雨となって降ってくるのです。

4

降雨のメカニズムをお風呂で説明すると…

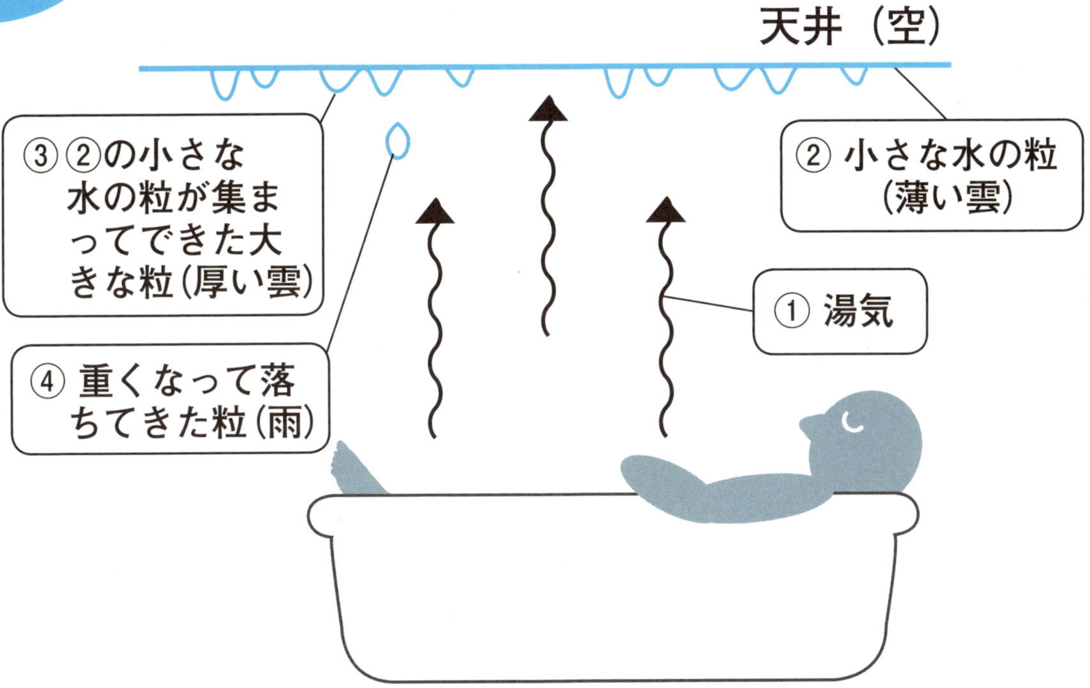

5

ちなみに、水蒸気が昇った上空の気温によって暖かい雨や冷たい雨、雪に変わります。

暖かく大粒の雨	0度以上
冷たく細かい雨	－40度くらい
雪	－40度以下

台風ができるメカニズム

水蒸気が上空に昇ると雲ができて、やがて雨を降らせる「低気圧」になる。この低気圧のうち、とくに暖かい南の海で生まれるのが「熱帯低気圧」だ。海面の温度が高いために激しい上昇気流が発生して、この熱帯低気圧はさらに成長する。そして、中心付近の最大風速が17.2 mになると熱帯低気圧は「台風」と呼ばれるようになるのだ。

気象庁のデータでは毎年平均で11個の台風が日本に接近しており、そのうち約3個が上陸して大きな被害をもたらしている。

「星の明るさ」はどうやって決められるのか

夜空に輝く満天の星をよく見てみると、星は大きさだけでなく、光の強さや色も微妙に違っているのがわかります。

1

1 等星とはどんな星でしょうか？

2

それは星の中で一番明るく見える星です。
星の明るさは 6 段階に分かれています。

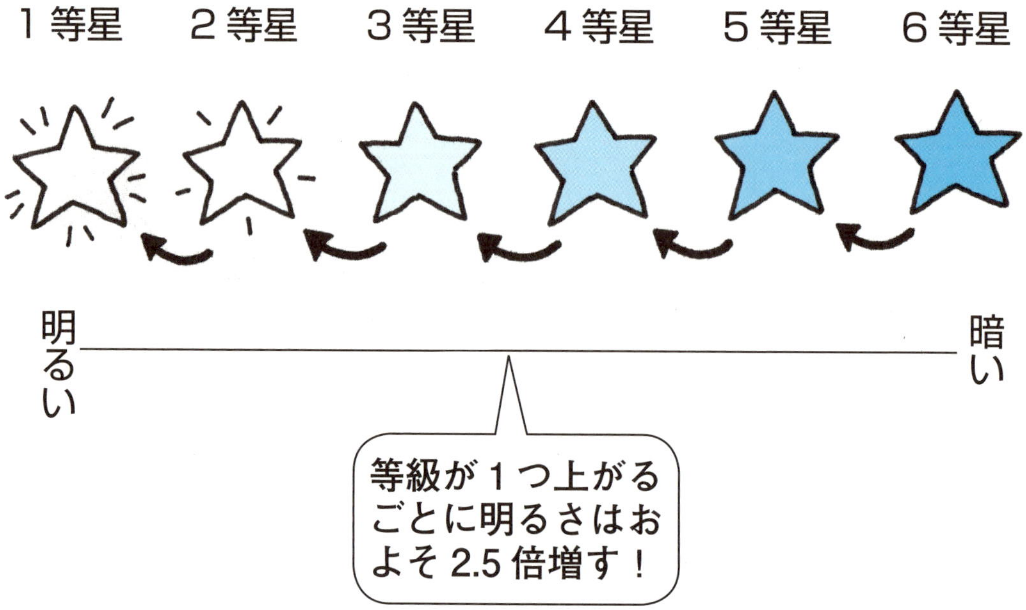

3

日本で見えるおもな１等星は、
おおいぬ座の「シリウス」
しし座の「レグルス」
おとめ座の「スピカ」
オリオン座の「ベテルギウス」
と「リゲル」
などです。

２等星は、
こぐま座の北極星、
オリオン座の三つ星
です。

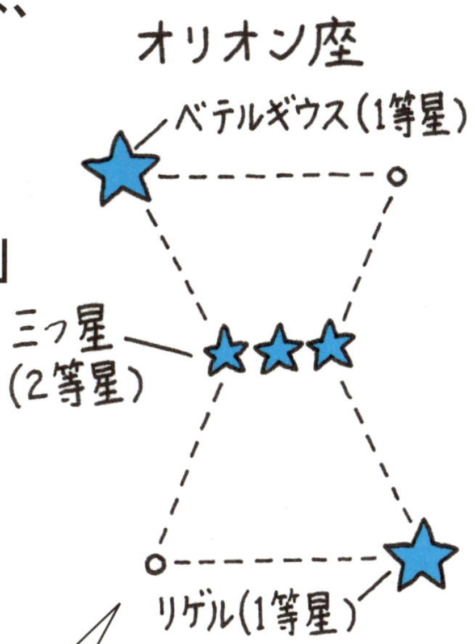

オリオン座には、１等星と２等星が含まれています。

4

ちなみに、星の色は表面温度が高いほど白っぽく、低いほど赤っぽく見えます。

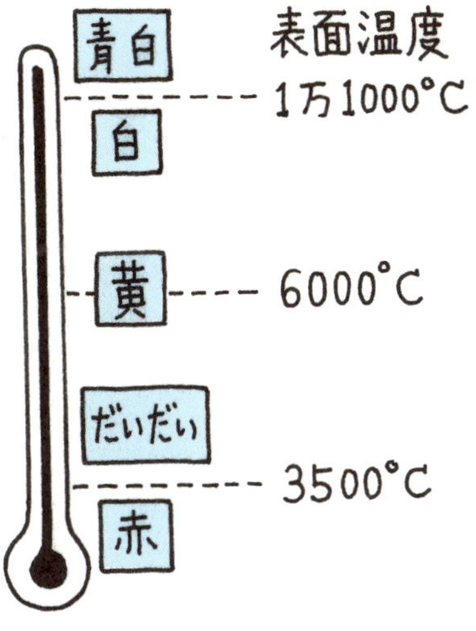

「ブラックホール」とは何か？

名前からしてミステリアスなブラックホールは、大きな星が「超新星爆発」と呼ばれる巨大な爆発を起こしたあとにできる天体だと考えられている。

ブラックホールが発生するのは、太陽の約30倍もの重さをもった星の爆発の跡だ。それだけ大きな星である以上その重力も強大で、さらに爆発後のおびただしい数の星の残骸にも重力は残る。

この重力によって、ブラックホールはまるで強力な掃除機のように近づくものをその中心へと吸い込んでしまうのだ。

光でさえもその強力な重力に逆らって進むことはできないため、ブラックホールには一条の光すら差し込まない、はてしない闇が広がっているのである。

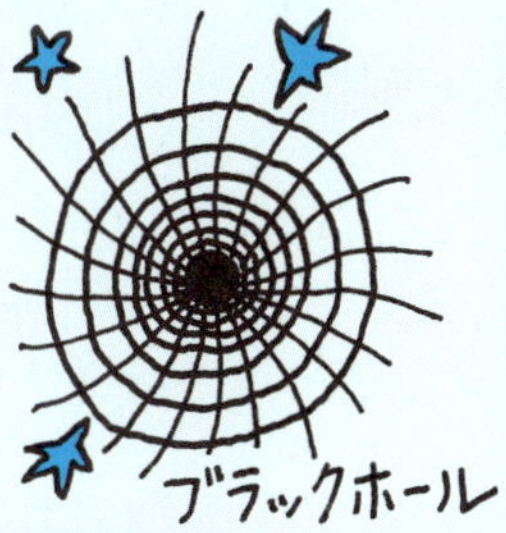

気持ちが大きくなる「太陽系」の話

地球は太陽系に属しています。光や熱、磁力など太陽エネルギーの影響を大きく受けて地球の生命は存在しているのです。

1 「太陽系」って何でしょう？

2 それは、太陽を中心にした天体の集まりのこと。

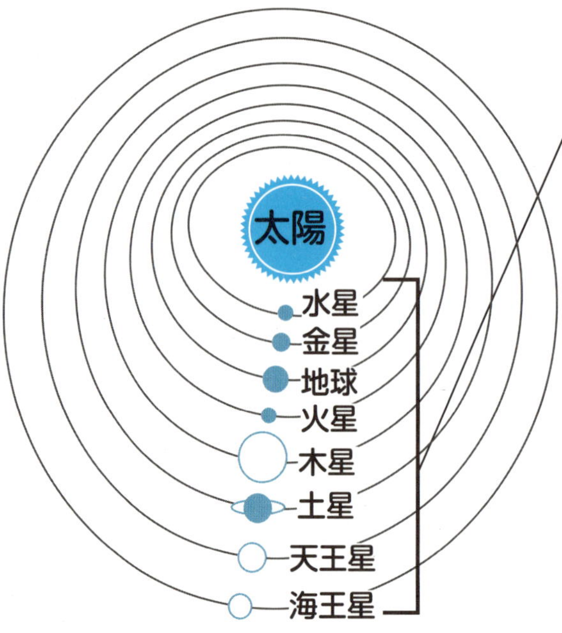

そして、これら８つの星の１つひとつを「惑星」といいます。
地球は「太陽系の惑星のひとつ」なのです。

3

太陽系は８つの惑星のほかにも

で構成されていて、これらすべての星が太陽の影響を受けています。

4

では、太陽系の範囲はどれくらいあると思いますか？

5

太陽系の大きさは、太陽から地球までの距離を「1 天文単位」として測ります。

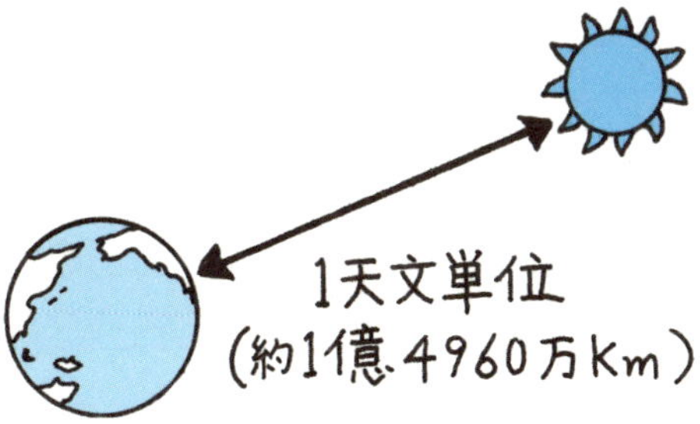

この単位によると、太陽を中心とした太陽系の範囲は「約５万天文単位」。
つまり、「約１億4960万km×５万」という、まさに天文学的な広さになるのです。

土星の環の正体は？

地球と同じ太陽系の惑星のひとつである土星は、その周囲に巨大な環《わ》をもっていることでもおなじみだ。

この環は土星の衛星の破片といわれる氷の粒や岩でできていて、土星の周りを周回しているために環のように見えるのである。

さらに1本に見える環は1000以上もの細い環からできていて、その厚さは平均で約150mもあるという巨大なものだ。直径は25万km以上と、地球の直系のおよそ20倍もある。

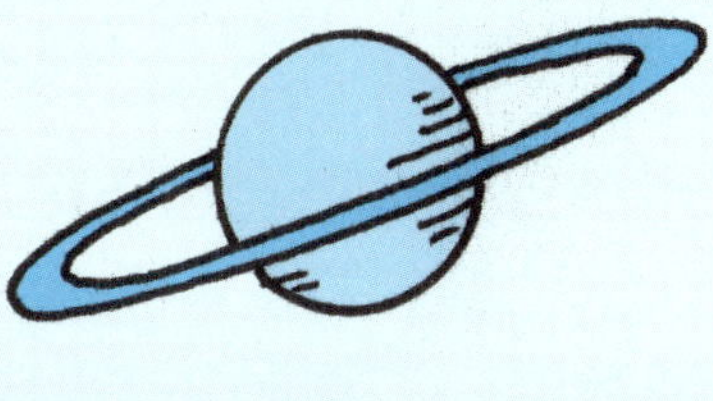

そもそも「彗星」はどうやって移動している？

彗星は直径 10 ～ 40㎞程度の小さな星ですが、白く輝く尾（テイル）の部分はとても長く、数億万キロ以上にもおよびます。

1

長く伸びる彗《すい》星の尾の部分は、ちりを含んだ大量のガスですが、では彗星の本体はどのような物質なのでしょうか？

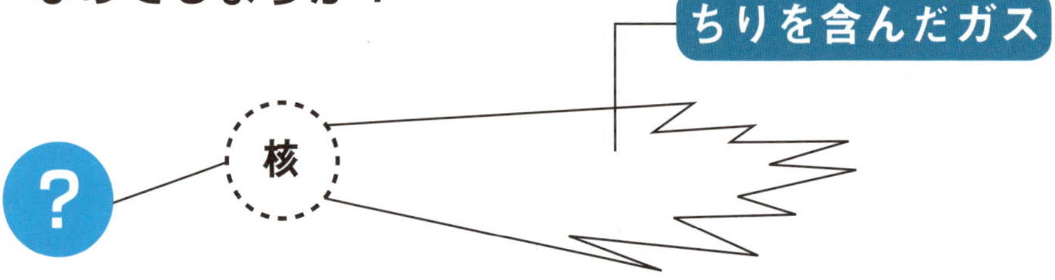

2

彗星の核はでこぼこしたじゃがいものような形をしています。

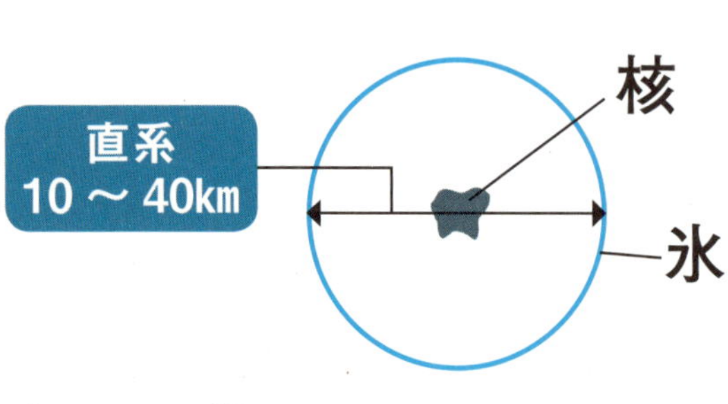

太陽から離れたところにあるとき核は氷に覆われ、小惑星のように軌道を描いて移動しています。

3

彗星の軌道はこんなだ円形をしています。

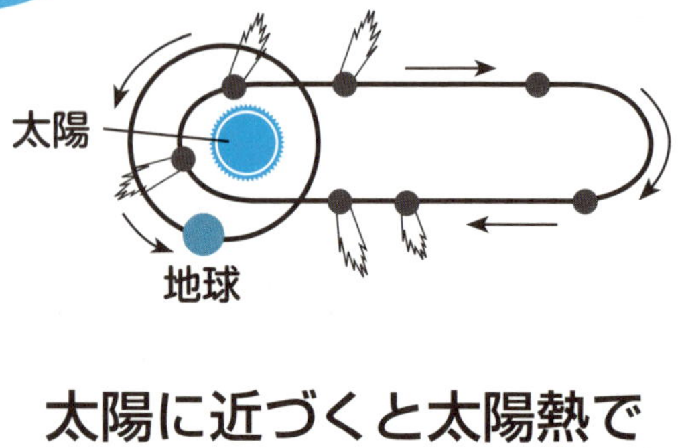

太陽に近づくと太陽熱で氷が溶けて、ガスが噴射したものが尾のように見えるのです。

「地震」のキホンをおさえていますか？

地球内部のエネルギーが放出されたときに、地球の表面を覆っているプレートという岩盤が動いて地震が発生します。

1

地震が起きたときに発表される「マグニチュード」と「震度」は何を表す数値でしょうか。

各地の震度

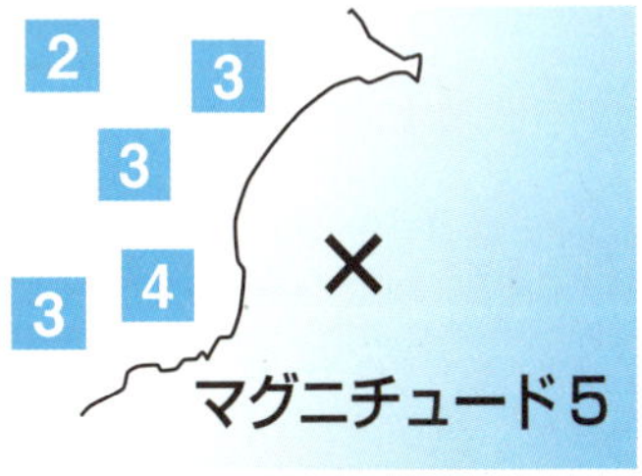

2

マグニチュードは地震の大きさを、震度は地震によるゆれの強さを示しています。

3

震度をテーブルに人がぶつかったときの衝撃にたとえてみましょう。

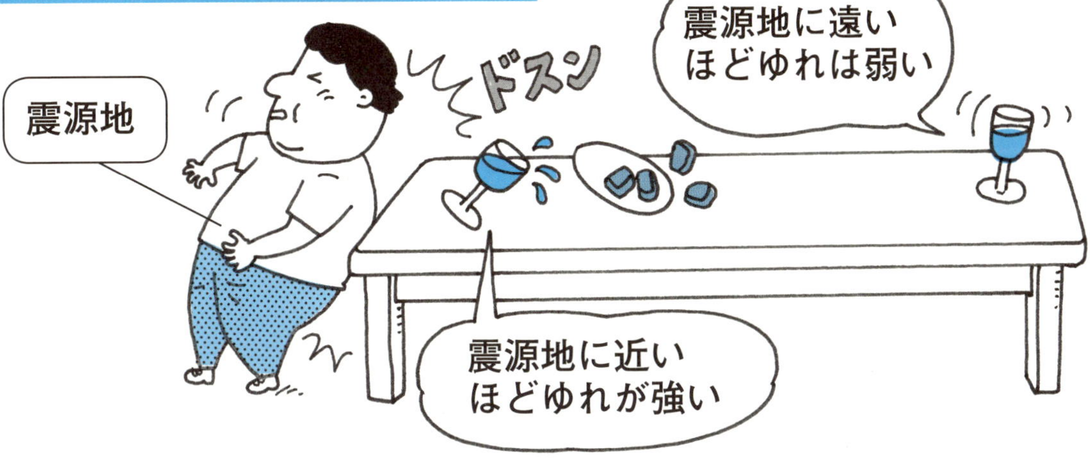

「血液」はどんな役割を果たしている？

身体の隅々にまで栄養素や酸素を運んだり、二酸化炭素や老廃物を排出するなど、血液は人間にとって大切な役割を担っています。

1 体内の血液量は、体重の何%でしょうか？

2 答えは
約７～８%
です。

体重 60kgの人なら
約 4.5kgが血液です。

3 血液の成分は２つに分けられます。

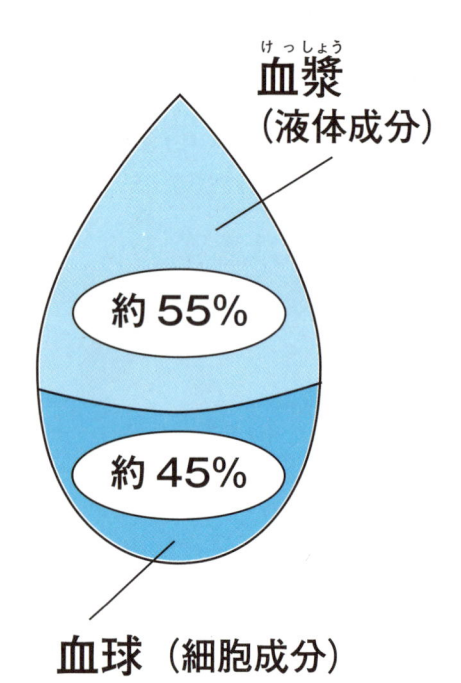

血漿《けっしょう》
（液体成分）

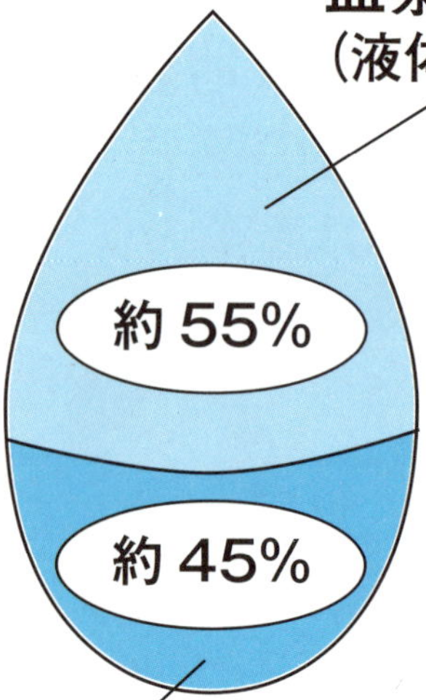

血球（細胞成分）

4 血管の中はこんなかんじです

血漿

たんぱく質や電解質が溶けた水分。
栄養素や不要な二酸化炭素などを運ぶ

赤血球

赤い色のもと（ヘモグロビン）が酸素と結びついて体内に酸素を運ぶ

血小板

一時的に出血を止める役割

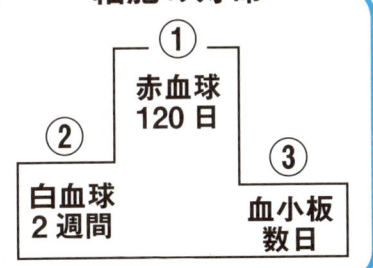

白血球

核を持っている細胞。体内に入った菌を殺したり、古い細胞を壊す

細胞の寿命

①赤血球 120日
②白血球 2週間
③血小板 数日

人間はなぜ息を吸わなければ生きていけないのか？

人は無意識のうちに1日で2万回以上も呼吸を繰り返している。なぜそれだけ多くの呼吸が必要なのかというと、それは人が大量の酸素を必要とするからだ。

鼻や口から吸い込まれて肺に入った酸素は、血液とともに体の隅々まで行き渡る。この血液や細胞にあるブドウ糖は酸素を使って分解されて、人が活動するエネルギーになるのである。

人の身体はおよそ60兆個の細胞からできているため、多くの細胞に酸素を行き渡らせるためには、絶えず酸素を取り込む必要があるというわけだ。

小3 小4 小5 小6 中1 中2

これならわかる「天気図」の読み方

西高東低の気圧配置は、典型的な冬の天気図。記号や等圧線の意味を知っていれば、気象予報士でなくても天気図が読めるようになります。

1

この天気図を見て、東京、大阪、鹿児島の天気を答えてください。

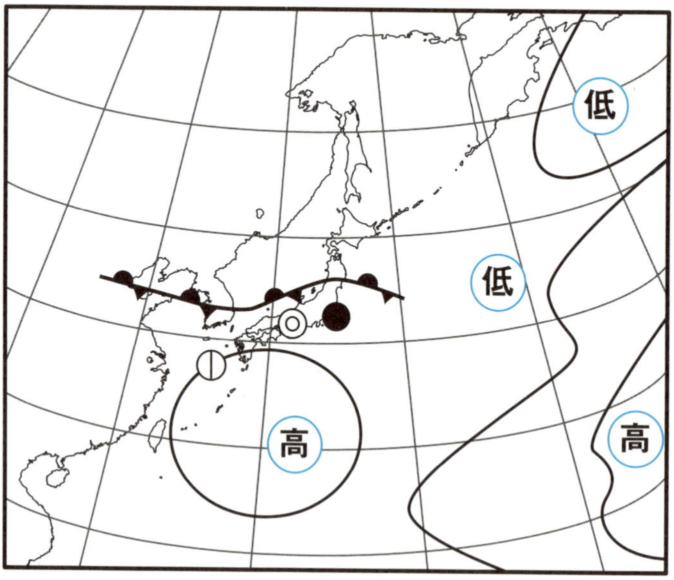

2

答えは、

東京－雨、大阪－曇り、鹿児島－晴れ

です。

3 天気図は天気記号を知っていると、誰でも簡単に読むことができます。

天気

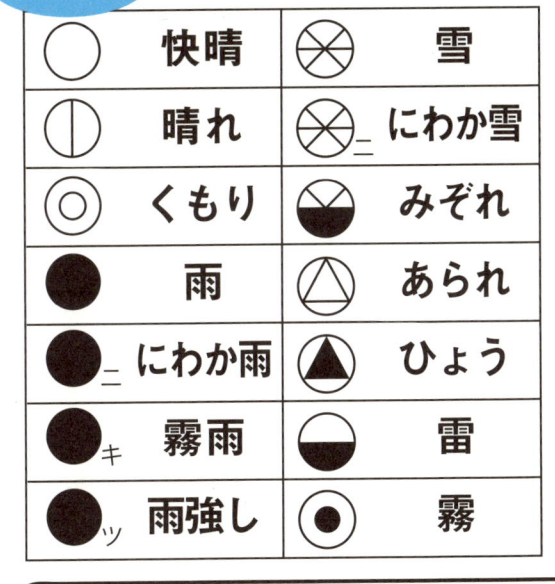

	快晴		雪
	晴れ	ニ	にわか雪
	くもり		みぞれ
	雨		あられ
ニ	にわか雨		ひょう
キ	霧雨		雷
ツ	雨強し		霧

前線

左の図では、九州上空に高気圧があるので鹿児島は天気がよく、日本海から伸びる停滞前線の影響を受けている東京は雨、その中間にある大阪は曇りとなっているのです。

日本と世界の気象観測の歴史は？

日本では1875（明治8）年の6月1日から天気が1日3回観測されるようになった。これを記念して6月1日は「気象記念日」とされている。

ところが、これよりさかのぼること2000年近く前に、古代ギリシャでは気象観測が行われていたのだ。

アテネには、紀元前1世紀頃に建てられた「風の塔」という建築物が今も残っている。日時計、水時計、そして風向計を組み合わせたこの建物は、塔の一番上に風見鶏のような像が据えつけられていて、その向きによって風向きを計測していたのである。

小3 | 小4 | 小5 | 小6 | 中1 | 中2

「地球温暖化」は何がどう問題か

地球の温度が上昇することによって、氷山の融解や干ばつによる農作物への影響、感染症の流行などが懸念されています。

1 地球温暖化の主な原因は CO_2（二酸化炭素）といわれていますが、それはどうしてでしょう。

2 ① 世界の工業化が進み、CO_2 をはじめとする温室効果ガスの量が増えた。

② 森林の伐採により、CO_2 を吸収する植物が減った。

3 すると…

太陽熱が温室効果ガスによって宇宙に放出されず、対流圏に溜まって地球を温めてしまうのです。

コラム

「人体」は何からできているのか

「人間は極めて複雑な機械である」と言ったのは 18 世紀のフランスの医者ラ・メトリーだが、確かに人体は緻密で複雑にできている。

人体を形づくっているのは骨格だが、人間の体の骨は細かいものまで数えると 200 種類を超えるという。そこに内臓や筋肉、血管などが肉づけされて、それらを 1 枚の皮膚が包んでいるのだ。

また、頭蓋骨の中には全身から集まってくる情報を処理して指令を出す脳がおさまっており、それによって体の動きや感情などのシステムがコントロールされている。このシステマティックな人体の機能は、何百台のコンピューターを使っても再現できないといわれるほどだ。

しかも、ミクロの視点で見ると、人体はおよそ 60 兆個もの細胞によってつくられている。母親のお腹の中で豆粒のような細胞が何度も分裂を繰り返し、やがて人間の姿に変わっていくのである。

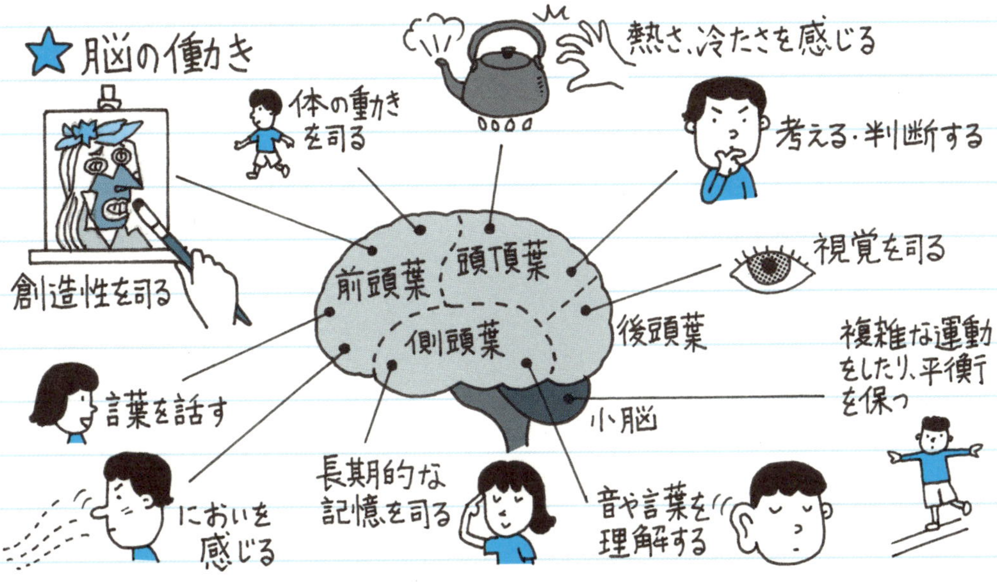

特集④

今すぐチャレンジ

実践！理系ドリル

さて、最後に算数と理科の問題を解いて実践的な脳トレにチャレンジしてみませんか。ふだん、あまり働かせていない理系脳の部分をしっかりと使って、基本的なロジカルシンキングを身につけましょう。

算数

問1：AからBの長さは？

右の図の面積が49㎝^{2}だったとき、AからBの長さは何㎝になるだろうか？

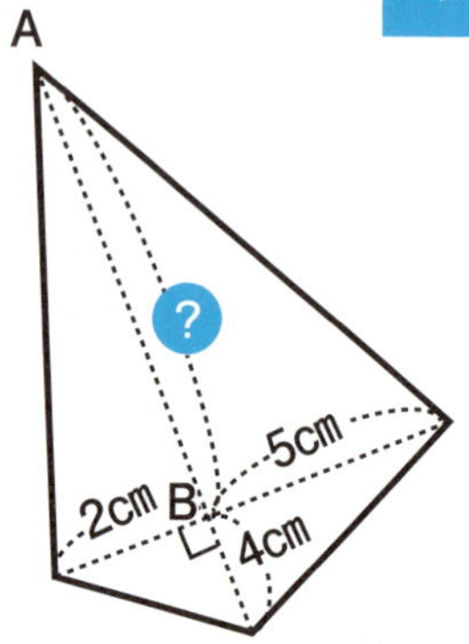

問2：面積の差は？

8㎝×10㎝の長方形と、半径10㎝の扇形が重なっている。アとイの面積の差は何㎝^{2}だろうか？

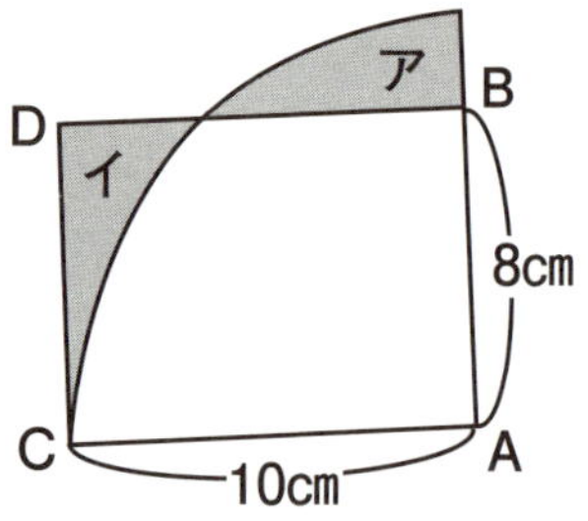

問3：車が走る距離は？

時速90㎞を保ったままで車が2時間20分走ると、何㎞進むことができるだろうか？

問4：反対したのは何%？

ある会議で80人中52人が賛成票を投じた。では、反対した人は何%になるだろうか？

算数の答え

問1：10㎝。底辺が7cmの2つの三角形の面積の合計が49cm^{2}と考えて、ABをxとすると、（5＋2）×（x＋4）÷2＝49になり、（7x＋28）÷2＝49からx＝10cmになる。
問2：1.5cm^2。長方形の面積と扇形の面積の差が答え。長方形の面積10×8＝80cm^{2}を割り出して、そこから扇型の面積10×10×3.14÷4＝78.5cm^{2}を引く。
問3：210㎞。2時間での距離は90×2＝180km。20分では90÷60×20＝30kmになるので、180＋30＝210㎞になる。
問4：35%。賛成した人は52÷80×100＝65%。100－65＝35%の人が反対したことになる。

問1：低気圧と高気圧はどっち？

下の2つの図のうち、「低気圧」を表しているのはAとBのどちらだろうか？

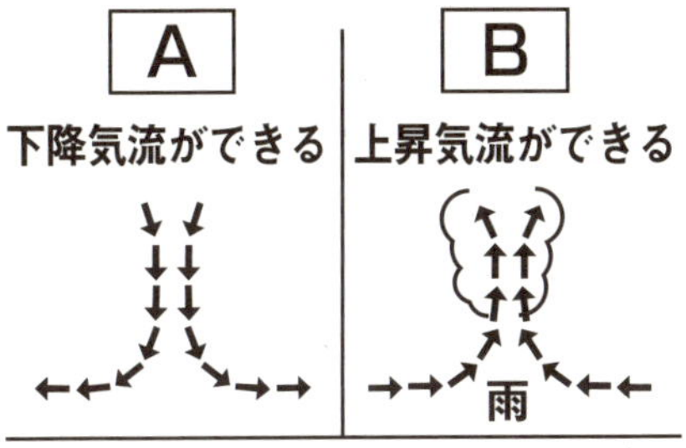

問2：酸性かアルカリ性か？

酸性とアルカリ性について説明した次の文章のAとBを「酸性」か「アルカリ性」で埋めてください。

pH値が0に近いほどAが強く、14に近いほどがBが強くなる。

問3：豆電球はどうなる？

右の図のように電池と豆電球をつないだとき、Aの豆電球をはずすとBの豆電球はどうなるだろうか？

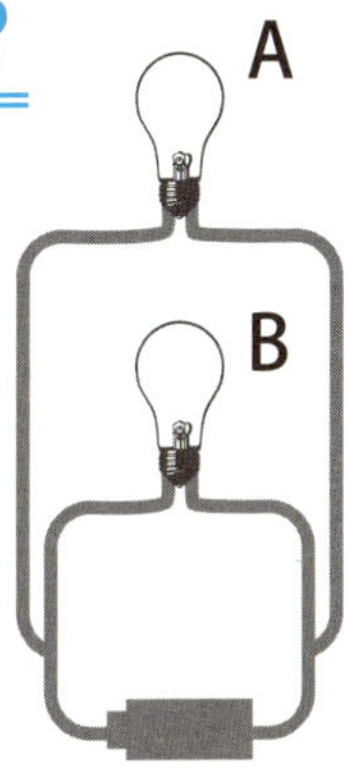

問4：血液の重さは？

体重50kgの人の血液の量は、およそ何kgになるだろうか。

問5：どっちが震度？マグニチュード？

次の文章のAとBを「震度」か「マグニチュード」で埋めてください。

地震のゆれを表すのがAで、
地震の大きさを表すのがBである

問6：一番明るい星は？

肉眼で確認できる星は、明るさによって1～6までの等級に分かれている。では、もっとも明るい1等星は6等星の何倍の明るさだろうか？

理科の答え

問1：B。Aが「高気圧」、Bが「低気圧」。
問2：Aが「酸性」、Bが「アルカリ性」。
問3：ついたままで消えない。「並列つなぎ」になって、電気の通り道が分かれるために豆電球の明かりが消えることはない。
問4：3.5～4kg。血液量は体重の7～8%といわれている。
問5：Aが「震度」、Bが「マグニチュード」。
問6：約100倍。1等級上がるごとに明るさは約2.5倍増える。

参考文献

『秘伝の算数 応用編（5・6年生用）』（後藤卓也／東京出版）、『数学のおさらい 図形』（土井里香／自由国民社）、『プレジデント Family 2009年8月号別冊 日本一やさしい算数の授業』（プレジデント社）、『わすれた算数・数学の勉強』（南澤巳代治／パワー社）、『理科 地球・宇宙』（学研編集部編／学習研究社）、『中学入試計算名人免許皆伝―計算問題が速く確実に解けるようになる本』（石井俊全／東京出版）、『ポケット版 学研の図鑑〈6〉地球・宇宙』（吉川真、天野一男、村山貢司監修／学習研究社）、『カソウケン（家庭科学総合研究所）へようこそ』（内田麻理香／講談社）、『理科 物質とエネルギー』（学研編集部編／学習研究社）、『数学者たちはなにを考えてきたか』（仙田章雄／ベレ出版）、『美と芸術のプロムナード』（利光功／玉川大学出版部）、『図解入門ビジネス最新リーダーの仕事と役割がよーくわかる本』（平尾隆行／秀和システム）、『知っておきたい化学の豆知識』（日本分析化学専門学校編、足立吟也、重里徳太監修／化学同人）、『文系のための使える理系思考術』（和田秀樹／PHP研究所）、『パソコンで巡る137億光年の旅 宇宙旅行シミュレーション』（国立天文台4次元デジタル宇宙プロジェクト監修／インプレスジャパン）、『理科がわかる本―お父さんのためのサイエンス！』（バックスコーポレーション、土田賢省監修／ジャパンミックス）、『図解入門ビジネス最新マーケティング・リサーチがよーくわかる本』（岸川茂／秀和システム）、『単位と比　わけのわかる算数のはなし』（芹沢正三／さえら書房）、『大人も子供も算数博士 すらすら解けるすごい長方形』（遠藤昭則／中央アート出版社）、『お母さんの算数ノート―子どもの算数がわかりますか？』（加藤明／文溪堂）、『親も子も「わかった！」パパが教える科学の授業』（もりした／宝島社）、『宇宙の大常識』（県秀彦監修／ポプラ社）、『ドラえもんの理科おもしろ攻略 理科実験Q&A』（日能研／小学館）、『ドラえもんの算数おもしろ攻略 図形がわかる』（小林敢治郎／小学館）、『算数と数学素朴な疑問―なぜそうなるの？ なぜこう解くの？』（江藤邦彦／日本実業出版社）、『小学校の「理科」を良問ベスト60で完全攻略』（新牧賢三郎、向山洋一編／PHP研究所）、『からだのひみつ』（吉田義幸監修／学習研究社）、『からだの不思議がわかる！』（山田真監修／実業之日本社）、『天気の大常識』（吉田忠正、河野美智子、武田康男監修／ポプラ社）、『「はかる」世界―「魂のはかり」から「電気のはかり」まで』（松本栄寿／玉川大学出版部）、『面白いほどよくわかる小学校の算数』（小宮山博仁／日本文芸社）、『子どもにウケるたのしい雑学』（坪内忠太／新講社）、『カードで合格理科物質とエネルギー―国立・私立中学受験』（冨山篤、学習研究社編／学習研究社）、『文系にも読める！宇宙と量子論』（竹内薫監修／PHP研究所）、ほか

（ホームページ）

三菱重工、パナソニックキッズスクール、asahi.com、気象庁、文部科学省、日本経済新聞、ほか

監修者紹介

田中　幸一（たなか　こういち）

1958年、福島県生まれ。現在、家庭教師「アクセス」のトップ講師及び慶応専門中学受験塾「創研アカデミー」塾長。およそ30年にわたって受験業界の最前線に立ち、“御三家”および慶応中学受験専門の「プロ家庭教師」として、受験生1人1人に合った独特の教育観と中学受験戦略で多くの実績を挙げている。特に算数・理科のエキスパートとして定評がある。

図解《ずかい》でスッキリ!
面白《おもしろ》いほどわかる算数《さんすう》と理科《りか》
大人《おとな》の1週間《しゅうかん》レッスン!

2011年10月5日　第１刷

監修者　田中《たなか》　幸一《こういち》

発行者　小澤　源太郎

責任編集　株式会社 プライム涌光
電話　編集部　03(3203) 2850

発行所　株式会社 青春出版社
東京都新宿区若松町12番1号〒162-0056
振替番号　00190-7-98602
電話　営業部　03(3207) 1916

印刷　大日本印刷　　製本　フォーネット社

万一、落丁、乱丁がありました節は、お取りかえします。
ISBN978-4-413-11033-4 C0040